造园记 ◎ 精巧 自然 返璞归真

日式杂木庭院

日本主妇之友社 编

陈源 译

中原农民出版社

·郑州·

前言

Introduction

春之新芽嫩叶，夏之深绿，秋之红叶，

杂木能为庭院带来山野情趣，让人得以体悟四季的变迁。

而且，冬季里它们为家遮风挡寒，夏季时浓浓树荫清新凉爽。

柔软的枝叶随清风微微摇摆，

从枝叶间洒下的斑驳阳光如同在祝福这片土地。

雨天，树叶仿佛和雨滴、空气融为一体，

整个庭院都被绿色浸染，安静悠然。

不唯如此，

大量杂木还可改善庭院微气候，健康身心。

作为孩子们的学习场所，杂木庭院更是再好不过。

装饰物和流泉溪水，也能成为庭院的看点和亮点。

希望通过本书，您能领略杂木庭院独具特色的美好。

树木环绕，树荫怡人的杂木庭院。（印南先生的庭院）

造园记◎精巧 自然 返璞归真

日式杂木庭院

contents/ 目录

在绿莹莹的杂木庭院里健康快乐地生活

树荫制造的微凉，化成微风吹进开着房门的屋子中。视线所及之处一片清凉，肌肤也能感受得到。这是一个非常适宜居住的杂木庭院。（增田先生的庭院）

沁人心脾的绿色入口花园

这是一条通往公寓入口宽2.4m的走廊，在它里侧30cm左右的空间栽种一些植物，利用这些植物将这里改造成一个令人心情愉悦的美丽空间。（小松先生的庭院）

内外相通的中庭
尽享室内花园的意趣

在设计阶段就计划好了要建中庭。有着大开口房门的起居室和中庭相通又连接着，使得整个庭院仿佛成了一个室内花园，意趣横生。（U 先生的庭院）

茶室中营造的4.5m²的侘寂世界

从茶室的膝行口（茶室供客人出入的小口，小间特有，高约65cm，宽约60cm，因须膝行进入而得名）望出去所见的茶室内庭院。年代经久而生苔的树木、名石（真黑石）制成的洗手钵以及埋入式立柱形灯笼，这些物品无一不酝酿出日式茶道寂静的风情。（三鹰学园的庭院）

清流和树木营造出的幽静庭院

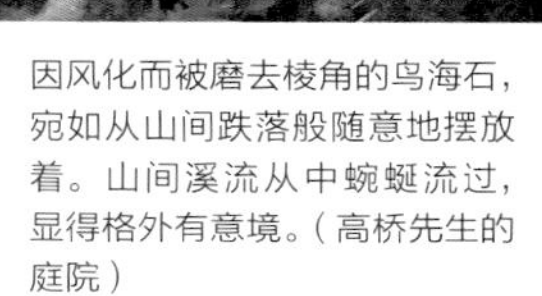

因风化而被磨去棱角的鸟海石，宛如从山间跌落般随意地摆放着。山间溪流从中蜿蜒流过，显得格外有意境。（高桥先生的庭院）

顺着横着的石块和绿色的苔藓静静流淌的清澈的水流。深约 1cm 的水随着流动泛起了细小的波纹。这是能够治愈心灵的水景。（铃木先生的庭院）

在杂木庭院里健康快乐地生活

Healthy Garden

巧妙构思使屋子和庭院有机地连为一体，营造一个开放式的庭院。夏天树荫之下凉风习习，可以为房间降温；冬天叶子落了之后庭院又能承接冬日阳光照射，使房间变得温暖起来。（O 先生的庭院）

在杂木庭院里健康快乐地生活

case01

珍视镰仓风土的住房的庭院

开放式的房子和庭院融为一体 享受杂木林般的意趣

神奈川县　O先生的庭院

上图 / 起居室、餐厅与和室并列排布，这样无论从哪个房间望出去都能看到庭院中的美景。“因为是开放式的设计，所以外面的环境非常重要。树荫下吹过来的风柔软清凉，夏天也可以经常不开空调。”夫人这样说。

右图 / 水钵是从屋里向外望时的一个重点。还可以看到小鸟在其中戏水的景象。

建造与自然协调的房子和庭院

一直想在镰仓建造房子的O先生终于如愿了，他的房子和镰仓这个城市的风土非常协调，极具传统和风。房子用了大量的原木，墙壁上涂着传统的灰浆，天井上张贴了和纸，使用了障子拉门来代替窗帘，向外伸出的房檐遮住了外廊（客厅外侧，铺着狭长地板）。

接下来，追求房子和庭院相和谐的O先生，希望建造一个『没有人为痕迹，树木仿佛自然长出的庭院』。于是，他把这个任务委托给了文造园事务所的佐野文一郎先生。

使用木框制成大大的窗户

起居室和餐厅并排着，面朝庭院。房子的开口宽4.4m、高2m，被特别定制的木框分隔开。全部用的是玻璃推拉门。

佐野先生的方案是，大量栽种植物，打造一个自然的绿色的杂木庭院。以房子的开口处为视觉中心，可以欣赏到这些植物在四季里的不同景致。

庭院周边的枹栎（枹树）、枫树、小叶白蜡树等高大的落叶乔木为骨，辅以日本稠李、金缕梅、唐棣、具柄冬青、铃兰树等观花观果植物。房子前也种了小叶白蜡树、腺齿越橘等植物，透过房前的树干望出去，庭院的风景自然和谐，又富有视觉冲击力。这个设计强调了树木枝干的距离感，使整个庭院的空间显得更开阔。

DATA

庭院面积：96m²

竣工日期：2014年3月

设计·施工：文造园事务所（佐野文一郎）

从起居室的沙发处看出去的景色。巨大的窗户变成了画框，随风摇曳的树叶、枝叶间漏下来的阳光、高低起伏的植物显得非常显眼。

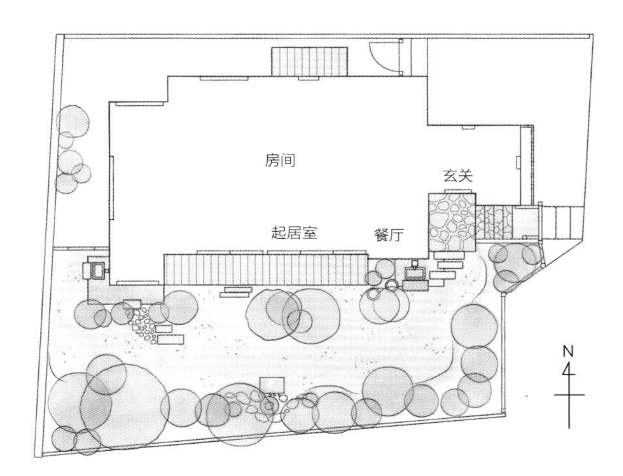

主要植物

乔木：枹栎、枫树、具柄冬青、唐棣、日本稠李、铃兰树等

灌木：腺齿越橘、杨桐、三叶杜鹃

为了尽量减少清除杂草的麻烦，庭院空着的地方铺设了木板。

在杂木庭院里健康快乐地生活

case02

与西洋建筑相协调的杂木庭院

利用铁栅栏的优雅曲线打造时尚可爱的庭院

东京都 H先生的庭院

DATA

庭院的面积：$35m^2$
竣工时间：2014 年 2 月
设计・施工：藤仓造园设计事务所
（藤仓阳一）

英式风格的建筑物和杂木庭院巧妙地取得了平衡与和谐。简约的栅栏和大门，是过去的杂木庭院设计中所没有的，给人以新鲜感。

从起居室窗户看出去的景色。栅栏的高度为 180cm。将长 90cm 的板材和 2cm 的角材制成间隔 2cm 的栅栏。细腻的设计使之成为庭院景色一个温柔的背景。

如同地下室通道般向里面迂回延伸的园中小路。将御影石石材铺在地上，枕木呈 45° 倾斜铺设，这些砖瓦、碎石的小路为庭院带来了变化。小路呈阶梯状延伸，如同将碎石随意撒在地上般形成大小石块参差铺设而成的变化效果，更兼枕木、砖瓦、石块所构成的几何图案的组合意趣。

庭院的宽仅仅 3.5m。栽种着高 6m 的枹栎、牛筋树、枫树等树木，很好地绿化了二楼的窗户，景色优美。

与向往的英式住宅相协调的庭院

自学生时代的一次旅游之后，H先生便一直很喜欢英国。他把新居设计成了英式风格，房子外面的砖瓦也是货真价实的，还请了专业的室内设计师，建成了这样一所房子。

在规划房子的同时，H先生向藤仓造园设计事务所提出了请求：希望建造一个兼具英式田园风和日式庭院风格，两种风格能协调一致的庭院。且在这个庭院里，要有着植物美丽的自然姿态。

熟铁栅栏的优美曲线给树下的小路带来了可爱感

庭院很狭长，长12m、宽3.5m。因为还有一个地下工作室，所以庭院采用了分段式的形状，并设计了一个采光井。

最初，出于安全的考虑，计划用栅栏将采光井给围起来，但如此一来庭院设计就无法进行了。藤仓先生的方案是，采用西式建筑中常见的熟铁栅栏。这种熟铁有着自由的曲线，虽然厚重，但很优雅。接下来，经过深思熟虑后，藤仓先生决定以熟铁栅栏为设计重点，营造一个有着『被杂木林包围着的可爱小路』的庭院。

为使庭院地面高度达到90cm，藤仓先生进行了填土作业，使之有了缓缓倾斜的坡度。枕木、砖瓦、御影石和自然形成的碎石组合在一起，富有变化，人走在这样一条小路上会变得很快乐。小路边交错种着各种树木，为了营造枝叶相交、充满绿色的杂木林的美好形象，设计师下了很大功夫。熟铁栅栏的S形曲线柔和优美，整个庭院的优雅氛围就这样油然而生。

稍微高出地面一点的地下室采光井旁是一堵矮石墙，用的红色波萨石（音译）和西洋风庭院很搭调。但墙原来有 90cm 高，太笨重了，所以将高度降到了 50cm 以内，在旁边的小路上还铺设了枕木和砖瓦。

地下室采光井旁边的小路。阶梯状的小路由红色的波萨石铺设而成。

装饰着浮雕的天花板和枝形吊灯、天鹅尾形的窗帘、优雅的复古家具，都是非常吸引人视线的室内装饰品。

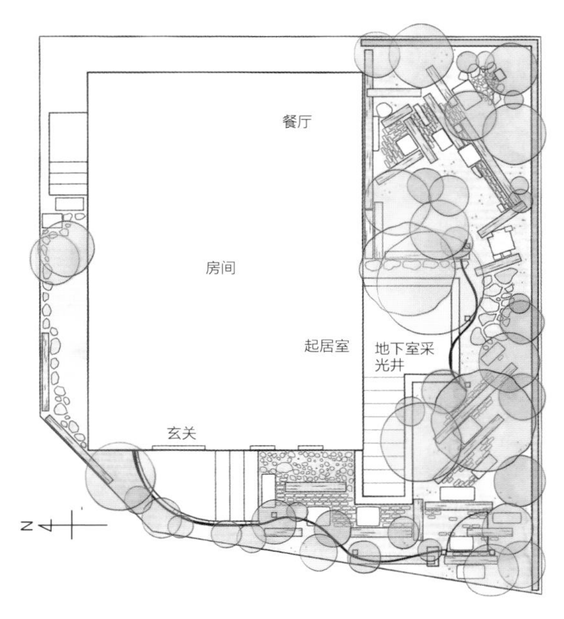

主要植物

乔木：枹栎、枫树、牛筋树、假山茶、大柄冬青、唐棣等
灌木：垂丝卫矛、具柄冬青等

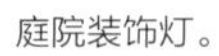

庭院装饰灯。

S 形的美丽的熟铁栅栏。这是在现场一边使用焊枪将铁棒加热、一边根据园路的走向进行加工的。

在杂木庭院里健康快乐地生活

case 03

以植物为中心的杂木庭院

宽2.4m、长20m的狭长森林

东京都 小松先生的庭院

DATA

庭院面积：66m²（玄关前与南庭）
竣工时间：2011 年 4 月
设计 · 施工：高田造园设计事务所
（高田宏臣）

小松先生家的玄关前。落成第三周年的庭院中，枫树树干也生长得更加粗壮，具有杂木林风情的居住环境正在慢慢形成。

公寓的南庭。这里宽 2.4m，生长着葱郁的树林，使人完全感觉不到这是被旁边的公寓夹着的庭院。

通向公寓入口的北侧道路。铺设踩上去给人带来舒适感的混凝土，再在周围栽种绿色植物，道路变成了被绿色包围的舒适花园。

通过房子周围的绿化营造舒适感

小松先生的房子比较独特，一楼的一部分为公寓，其余部分和整个二楼为自用。如下页的平面图所示，这块地比较狭长，于是他将房子建为东西走向。

公寓和自用部分由一道门分隔开，房子北侧的小路通往公寓。南侧虽为私人庭院，但从面向公寓阳台的窗户望出去，一样可以欣赏到四季的风景。

尽管空间狭小杂木照样能成就细长的森林庭院

武藏野郁郁葱葱的杂木林，曾是这片土地的主角。生于斯、长于斯的小松先生，对杂木林下的快乐时光满怀深情。即使地块狭小，他依然想建个庭院，重现当年的自然风貌。于是就把这个强烈的心愿，传达给了高田造园设计事务所的高田宏臣先生。

虽然玄关前的空间不小，但南边的庭院却很狭长，长 20m，宽仅 2.4m。高田先生以再现杂木林为目标，开始了以植物栽种为重点的造园行动。乔木为枹栎、野茉莉、四照花和小叶白蜡树等本地树种，乔木下密集栽种着喜阴的落霜红、具柄冬青、柃木和腺齿越橘等灌木。

同时，在每年两次例行庭院修缮保养时，并不刻意以小路为中心去修剪，而是优先保持植物枝叶的自然姿态，有意识地建造一个自然森林。

高田先生表示，因为植物栽种得很密集，乔木树荫下的灌木生长受到抑制，枝叶变得柔美，呈现一派自然森林的风光。

3 年后的今天，树已经长到 8m 多高了，一楼和二楼都可以享受到绿色风景，也不会干扰到公寓住户，大家都感到很舒适。

上图 / 在与旁边公寓的分界线处设置了高 1.8m 的栅栏，确保了个人隐私。
下图 / 住宅区中的一片绿洲。

屋门前、停车场地等边角地方也进行了绿化。自行车车头对着的就是南庭。

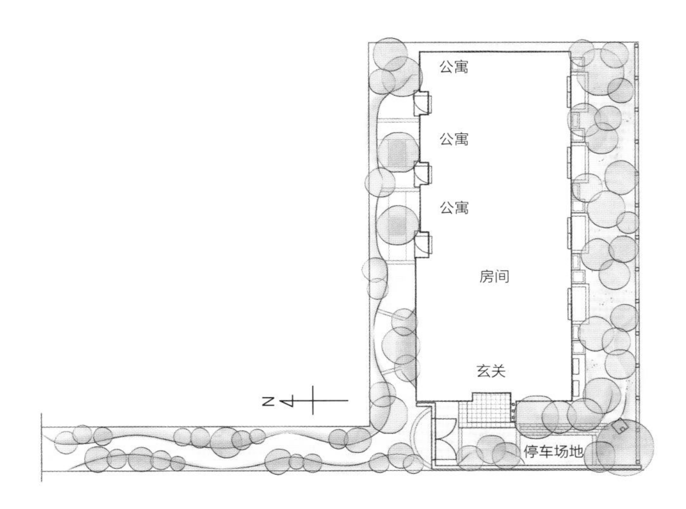

主要植物

乔木：枹栎、野茉莉、四照花、玉玲花、小叶白蜡树、连香树、青冈等
灌木：垂丝卫矛、具柄冬青、柃木、腺齿越橘、野山茶

连接房子和马路的通道，宽2.3m，长近20m。蜿蜒的通道旁交替栽种着各种植物，令人心情愉快。

在杂木庭院里健康快乐地生活

case04

实现农事活动的庭院

有着菜园和农事小屋的庭院 乐享周末劳作

茨城县 柳濑先生的庭院

DATA

庭院的面积：140m²

竣工时间：2014 年 4 月

设计 · 施工：高田造园设计事务所
（高田宏臣）

踏入玄关前的小路，可以看到草坪对面被树木包围着的小屋。采用老木材和传统技法建起来的小屋子，既可以作为放置工具、进行农事活动的地方，又为整个庭院的风格增添不少趣味。

房门周围栽种了不少植物，不仅令人心情愉快，而且可遮挡起居室的窗，保护了隐私。

从停车场地到庭院的入口处，枹栎、四照花、枫树等植物的绿色形成了气候，是一个欣赏院子美景的好地方。“建造开放式庭院的秘诀就在于，要在灌木丛中每隔两米左右栽种一株乔木。栽植在树荫下的常绿树的生长会被压制，从而使枝叶变得轻柔，整体效果看起来也更加沉稳。”高田先生这样说。

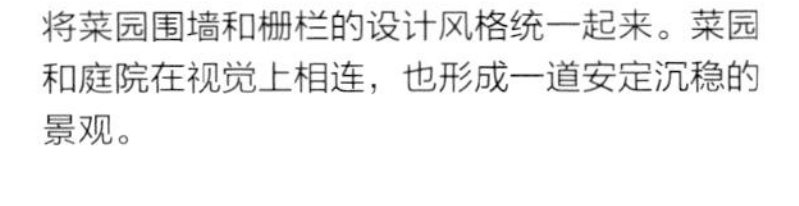

将菜园围墙和栅栏的设计风格统一起来。菜园和庭院在视觉上相连，也形成一道安定沉稳的景观。

上图/靠近建筑物铺设的草坪。建筑物边儿上选择的是枹栎、伊吕波枫、山樱、青冈等树种。右图/长凳上惬意玩耍的夫人和孩子。左图/不只是旱田，男主人还在四照花的枝干上引了黄瓜的藤蔓，庭院里还种植着芋头和青椒，充分享受着栽植的乐趣。

添加的农事小屋自成一景

柳濑先生的宅邸占地250m²。为了使庭院足够大，他将住房集中建在西北方位。痴迷家庭菜园乐趣的他，在请设计师规划庭院时，就要求『一定要建一个有家庭菜园的杂木庭院』。

造园家高田宏臣先生同样喜欢家庭菜园，他选取日照充足的东南区域，建了一个占地30m²的菜园，可以充分满足家庭需求。为和庭院的高度相适应，高田先生堆积了60cm厚的土，这些土很适合种菜。

对于这么大的菜园来说，农事小屋必不可少。高田先生提议，将它建成这个独特庭院的地标性建筑，成倍增加农事活动的趣味性。小屋的位置，选在从房门向庭院中透过枝叶望过去时所能看见的地方。小屋的地面，铺的是由土、石灰、海盐卤水混合而成的三合土。小屋的建材，是从旧民舍拆下来的旧木材，不使用钉子，用传统建筑技法建成，外表很漂亮。

树下有长凳和草坪孩子可尽情嬉戏

宅邸入口设在房子和菜园之间，进院后的路宽90cm，路两旁是小松石石块，沿途栽种着枹栎、四照花、枫树、小叶白蜡树、鹅耳枥等树木，满眼皆绿，令人愉快。此外，木栅栏和挡土用的菜园壁板风格一致，菜园和庭院显得很协调。

庭院内，连接房子、小屋、菜园及停车场地的小路蜿蜒向前，美观又实用。菜园和停车场地旁各有一个长凳，既可供人休憩，又可临时放置农具。

房子门口旁是带坡度的草坪小广场，家里的小孩子可以光着脚和父母一起玩耍。

往支架上引瓜秧的夫人。茄子、南瓜、黄瓜、玉米、玉葱、西瓜、芋头等，基本上都能在自家田园里种出来。

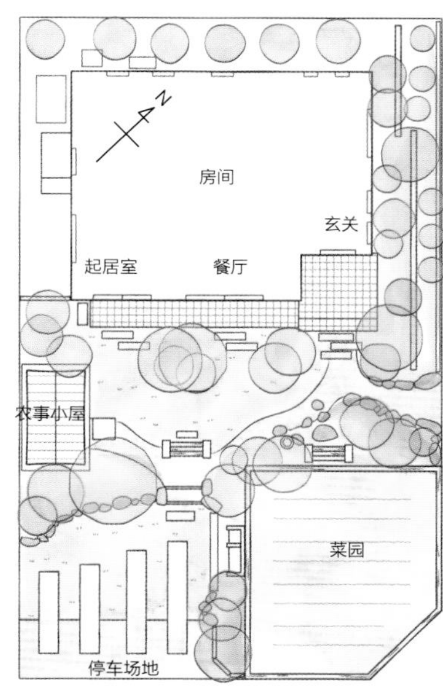

屋顶呈平缓的曲线形，有着竹挡雨棚的小屋独具风情。整个设计充满了日常生活感。

停车场地周围用天然石块围起，地面由草坪、碎瓦片、水泥三种材料铺成。水泥储热，而碎瓦片会减少反射光。

主要植物

乔木：枹栎、四照花、枫树、小叶白蜡树、唐棣、小叶青冈、鹅耳枥等
灌木：具柄冬青、白蜡树、土佐水木、垂丝卫矛等

在杂木庭院里健康快乐地生活

case05

改善居住环境、享受四季风景

在与旧民居协调的庭院中亲近自然，沉静心灵

千叶县 增田先生的庭院

晚秋。红叶将庭院装点得分外美丽。（摄影：高田宏臣）

DATA

庭院的面积：$330m^2$

竣工时间：2011 年 10 月

设计・施工：高田造园设计事务所（高田宏臣）

初夏的庭院。苍翠的绿叶和黄绿色的新叶为庭院增添魅力。庭前出入口的树荫使人心情舒爽。在设计庭前出入口的时候一定要保证两边和中间的栽植空间，这是不能动摇的规矩。高田先生这样认为。

面向庭院设计的巨大的开口部。从右到左依次是起居室、餐厅、走廊与和室。起居室、餐厅与和室采用特制的木制门框制成。走廊宽 1.8m、高 2.2m。

走廊下的固定窗。作为近景栽植的枹栎、耳栎（雷公鹅）、羽扇槭（日本槭）的树干就如同窗框一般。

从餐厅望出去的初夏的窗边之景。

穿过落叶的树梢照射进来的秋季阳光和红叶之庭院。

从起居室望出去的景色。广阔的草坪和正前方挺立着的椎树（椎木）给人一种深刻而大胆的印象，与从别的房间望出去的景色很不相同。

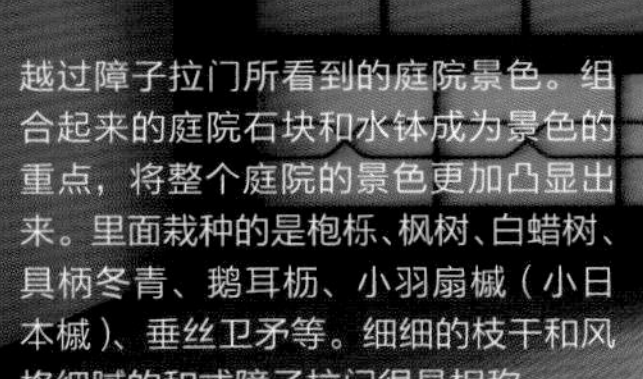

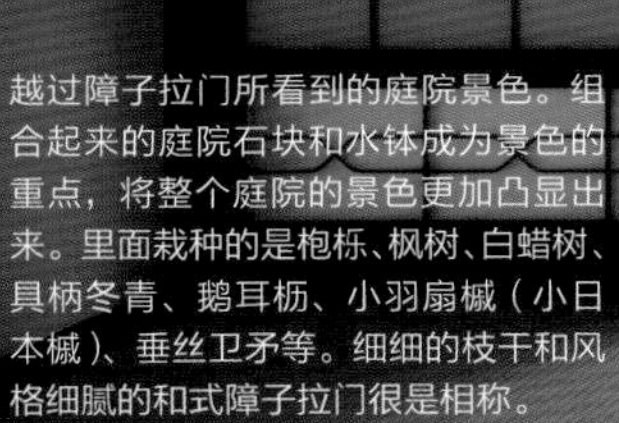

越过障子拉门所看到的庭院景色。组合起来的庭院石块和水钵成为景色的重点，将整个庭院的景色更加凸显出来。里面栽种的是枹栎、枫树、白蜡树、具柄冬青、鹅耳枥、小羽扇槭（小日本槭）、垂丝卫矛等。细细的枝干和风格细腻的和式障子拉门很是相称。

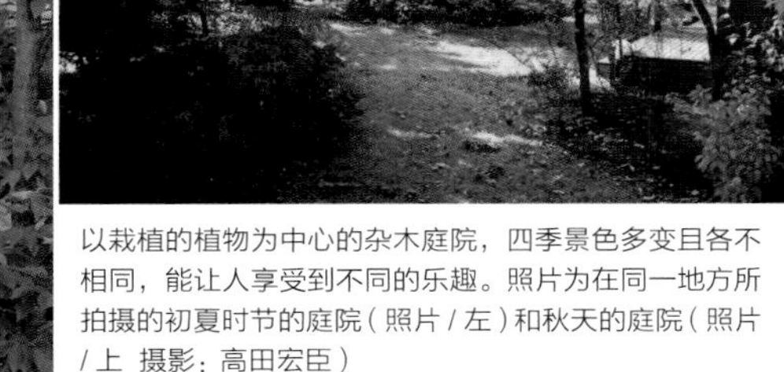

以栽植的植物为中心的杂木庭院，四季景色多变且各不相同，能让人享受到不同的乐趣。照片为在同一地方所拍摄的初夏时节的庭院（照片／左）和秋天的庭院（照片／上 摄影：高田宏臣）

改造旧民居 营造舒适的居住空间

增田先生的老房子已经有46年的历史了，现在进行了大改造，以更适应当今的生活。由现在已经买不到了的素烧瓦及铜雨挡构成的房顶，被原封不动地保留了下来。粗粗的大梁和旁边的小屋以及土墙的一部分，成了可以适当改造的时尚装潢元素。用日本传统的灰浆和实木，将起居室、餐厅等房间改建得非常新潮。

和室、客厅和餐厅等的开口部分是连贯的，宽9m、高2.2m，全部朝向庭院，可使人的五官直接感受自然气息。另外，在外廊铺设了木地板，可无障碍进出每个房间。

右／以游动着青鳉鱼的水钵（直径75cm）为中心，与大小两块庭石组成了特色水景。远眺小鸟在此饮水，也是庭院生活的乐事。左／玄关周围的植栽。巨大的踏脚石的两边已隐入植栽。左边的草坪是庭院的入口。

自然而然的庭院建造

之前的庭院里散落着大块的庭石，树龄40年以上的大树茂盛地生长着，『像热带森林一样肆意荒凉』。

『我想让院子有些改变，有人给我推荐了造园家高田宏臣，一位改造古宅的专业建筑师。』增田先生非常想在杂木庭院中过上『珍惜自然与旧物的生活』，就委托给了高田来实现。

高田将庭院周围的枫树、椎木、罗汉松等原样保留。为了在院子里可以看到整个房间的变化，他将新的植栽空间规划为流线型，补种上了枹栎、团扇槭、四照花等。另外还加入了腺齿越橘、荚蒾、落霜红、蜡瓣花、具柄冬青等中低树木，营造出了自然生长的山中森林的感觉。

将原来散布的庭石重新组合，作为水景的一部分，成了庭院里的亮点。

庭院中央部分是草坪，明媚轻快。为了能近距离观赏树木美丽的枝干，在连廊西侧新加入了树丛，也使院中景致有了远近层次感。这个树丛能阻挡西晒，还顺便绿化了二楼的窗边。

赋予庭院独特风格的远眺景色。目测树围 1.2m。
树荫下生出习习凉风，吹入开着门的起居室内。

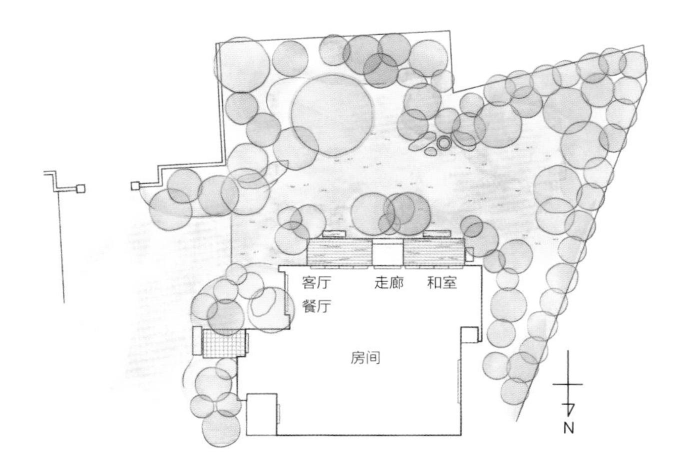

主要植物

乔木：枹栎、鹅耳栎、四照花、枫树、小叶白蜡树、鹅耳枥、团扇槭等
灌木：垂丝卫矛、腺齿越橘、蜡瓣花、金橘等

作为房子旁边的近景而栽种了鹅耳栎和团扇槭。增田先生说："之前没有种这些树，所以下午的时候夕阳照着非常热。现在非常凉爽，适宜悠闲地居住。"

主人和造园家携手打造的狭小但宜人的庭院

克服狭小，玄关前的庭院

神奈川县　印南先生的庭院

在庭院的最深处设计一张长凳，后方就是树丛，营造一个休闲安静的角落。长凳的脚以深岩石制成，座板则是用侧柏的太鼓材（加工过的圆柱形木材，表面光滑平整）做的。

DATA

庭院的面积：$44m^2$

竣工时间：2012 年 5 月

设计・施工：高田造园设计事务所
（高田宏臣）

庭院和房屋周围混栽着树木，枝叶在半空中交错重叠，营造了一条绿色的通道。

右 / 从阶梯到玄关处的通道。
曲线优美的真沙土的水刷石和深岩石相契合，作为重点很好地被强调了出来。
下 / 连廊和长凳营造了一个舒适宜人的空间。静静伫立在树荫下，能感受到清风吹过，凉爽宜人。夜晚灯笼亮起来的话，庭院就变成了另一个世界。

在栽种上下足了功夫

印南先生很喜欢庭院树木，以前的家里就栽种着小叶白蜡、光蜡树、落霜红等。借着这次新建庭院的机会，即使空间不大，他也想建一个杂木庭院。所以，在房子的设计阶段，他就找到了造园家高田洪臣先生。确认管道排布没有问题后，庭院设计建造工作就开始了。

虽然前庭宽4m、纵深11m，但因为连接道路的台阶延伸到了庭院中，加上两层的连廊也占用了庭院的一定面积，所以实际上只有3m×9m的空间可供使用。而且，因为玄关位于正中央，庭院就被通往玄关的小道给隔开了。

连廊上不能种树，所以高田先生就将它作为屋外室，在栽种的树种和空间排布上花了很多心思，使得庭院整体非常协调。

在庭院四周和窗边布满绿色

如本页右上角的小图所示，因为设计了玄关通道，庭院被割裂得更小了，最小地方只有60cm²。为了保证最低限度的使人放松身心的空间，高田先生选择了树围较小的枹栎、枫树、小叶青冈、四照花等，并密集种在一起。

为了能从各个房间里都能欣赏到绿色，特意在窗边设了一块地方来栽种枹栎、枫树、唐棣等树木。

庭院四周和房边的树木的枝叶在空中相交，形成了绿色通道，树干就像装饰框一般，高田先生精心营造的强烈的远近距离感，使得庭院看起来更开阔，人的身心也愉悦起来。

主干细直、枝叶扶疏的枹栎、枫树很适合狭小庭院。

登上台阶进入庭院中，入目即是房间的近景和对面的树木所构成的框架，整个庭院看起来更加幽深。移步换景，在玄关处看到的景色已大不相同，人会有种被两边的树木包围着的感觉。

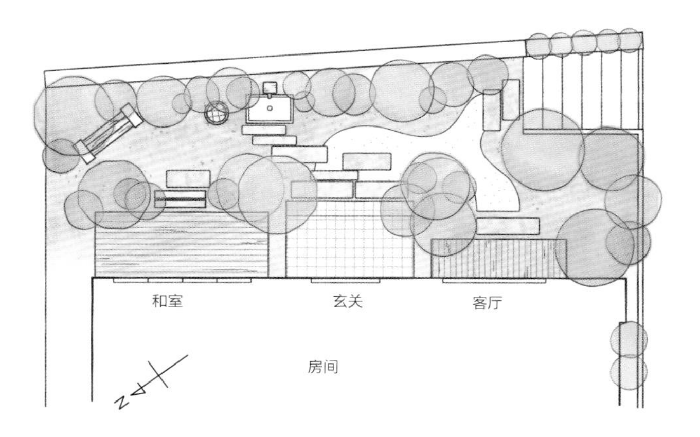

上 / 主人亲手制作的铭牌，分别写着各种树木的名字。
左 / 这个水景也由主人亲手制成。下面铺着鹅卵石，放置着直径 40cm 的水钵。里面种植着公主睡莲，竹子做成的篾子装饰其上。

主要植物

乔木：枹栎、枫树、小叶白蜡树、野茉莉、唐棣等
灌木：具柄冬青、四照花、垂丝卫矛、腺齿越橘、柃木等

健康舒适的居所——杂木庭院

Part 1 好似自然环境的杂木庭院

高田宏臣

图·竹内和惠

树木形成了森林，创造了舒适的环境，惠及万物。将树木的恩惠引入庭院，营造舒适且生机勃勃的居住环境，是今后庭院建造的方向。

1 今天的恶劣生活环境呼唤杂木庭院

对于现在的日本人来说，生活越来越远离如这片土地般丰饶的自然环境，「热岛现象」所代表的非常恶劣的微气候在不断增加。

夏日骄阳照射下的水泥森林或柏油路面，到了夜晚也不会降温，居所周围整晚都处在炎热之中。

各种空调和汽车尾气加剧了热岛现象，能够使燥热空气冷却下来的树荫非常稀少，这就是众多日本人日常生活的现状。

室内室外被隔绝，室内的密闭空间由空调设备来操纵温度湿度，可以说正是这样的居住方式，造成了室外的环境不断恶化。

以前即使到了盛夏，在傍晚也会随着万家灯火亮起而降下温来，可以边享受夏日风情边乘晚凉。但如今围在水泥森林中的住宅区，到了傍晚，室外感受不到一丝凉意，作为曾经的夏日风景线，如今，纳晚凉也越来越少见

被水泥和柏油覆盖的无绿色住宅区。这样具有无机物性质、无情趣的住宅区，如今向着郊区不断增加。

异的微妙气候状态。

屋外不远处就有树木，营造这样的庭院风格，需要时间充裕。在自然中创造舒适的环境，给家庭以无可替代的幸福。

了。隔绝室外恶化的环境，在封闭的室内闭门不出的生活方式，能算得上真正意义上健康幸福吗？

有家和庭院的舒适生活

所谓舒适有爱的居所，绝不是仅仅包括室内。

正如『家庭』这一词，是由『家』与『庭』这两个字所组成的，因为屋外有舒心的空间和环境延伸，在家的时间，才与经营自然成为一体。这样的风景与环境，成为家族快乐回忆的背景，累积在心里，在不知不觉中化为美好心灵深处的景色。

随着人工的、不舒适的住宅区不断增加，开始追求杂木庭院的人开始大量增多。

2 树木烘托出的静好时光

越来越多的人认识到，庭院不能单纯追求自然风或杂木风，适合当地自然环境的杂木庭院才是最好的，这样才能充分发挥树木的力量来改善居住环境。

树木每时每刻都在变化，从不停歇。在四季变换中，风吹树叶的沙沙声，带来宁静与安详；到访鸟儿的啁啾和树下的唧唧虫鸣，衬托出慢时光的无限美好。

春日的新绿，夏日的树荫和枝叶间漏下的细碎阳光，秋日的红叶，冬日的暖阳及堆满雪花的枝干。这样的杂木庭院生机勃发，充分体现出了自然之美，使得都市的匆忙时间也仿佛慢了下来。

即使是巴掌大的室外空间，也能如在大自然中一样发生生机勃勃的改变——如果你选对树木建好杂木庭院的话。有了杂木庭院，周末就不用特地出远门去享受大自然了。漫步树木环绕的庭院，所有的疲惫会一扫而光，随着悠闲时光的静静流淌，身心都会得到疗愈，恢复活力。

今天，了无生机、干燥不堪的钢筋水泥住宅泛滥，里面的很多庭院毫无自然气息可言，这跟人与自然的和谐关系是背道而驰的。自然杂木庭院里的舒适生活，必将是未来的潮流。

鲜艳杂木庭院的红叶季节。在家也能近距离感受时间的流淌和自然的变化。

经过多年精心经营，这块面积有限的区域上的林木，逐渐丰茂且搭配和谐起来。

在充分发挥树木力量的杂木之院，窗外配以高木的情况比较常见。窗边的树木让人感受到强大的生命力，被各种各样的生命包围，同时给人以活着的真实和感动。

微气候：人们的生活圈子，离地表约 1.5m 的大气层气候。受到地形和周边环境、地面的反射、空气的流通方式、周边的建筑物配置、树木配置等的强力影响，在街道或地表可感受到差

Part2

树木对构建舒适居住环境的效用

通过自然树木的合理搭配，居住环境就会变得非常舒适。

正因为城市中的自然变得越来越稀少，人们开始追求庭院中类似自然环境的各种效果。其中，作为可以最大限度发挥树木效果的庭院，杂木庭院正逐渐成为未来的新宠。

为了让居所变得舒适，请务必了解一下树木的效用，对此可以列出3个重点。

1 树木可以改善居所的微气候

2 树木可以促进身心健康

3 树木可以让孩子们健康成长、体验自然

了解树木的作用，在居所种植树木，栽培之余可以收获巨大的心得吧。有效利用庭院的有限空间，为了在每日的日常生活中享受丰富的树木的恩泽，对以上3条树木的效用，为您略作说明。

1 改善居所微气候的效用

枹栎等强有力的落叶乔木的树荫遮住了日光。通过很多枝叶的蒸腾，放出汽化热，使夏日气温下降。

使夏日居所周边凉快起来的原理

杂木庭院的最大魅力之一，是可使居所凉快快度过盛夏。树木在夏天降低气温的原理如图1所示，主要有3种方式。

其一，可阻断直射的阳光，防止周围气温升高，但这并不是最主要的。其二，繁多的枝叶通过蒸腾作用大量散发水蒸气，降低周围气温，水蒸气蒸发后会进一步降低周围气温。在夏天钻到枝叶繁茂的大树下会感到凉快，就是这个原因。其三，夏季时，若地面和墙面暴露在炽烈阳光下，温度会急剧增高。而树木在地面、墙面上形成的树荫，可有效防止这种情况的出现。同时，树荫带来的温差会使人感觉凉快不少。

（图1）由树木改善微气候的机制
（来自《未来的杂木庭院》）

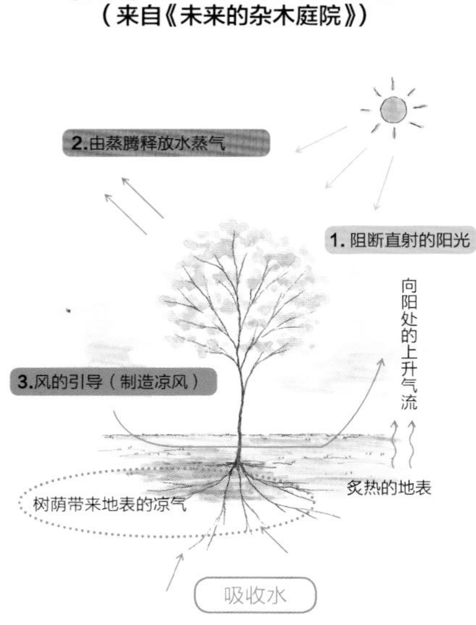

（图 3）无植被时的体感温度

气温　33℃
相对湿度　50%
风速　0.5m/s

⟵ 温度差 + 6℃ ⟶ 向阳处：体感温度 39℃

水泥地、柏油地等
（路面温度 50℃）

水泥地、柏油地等

（参考文献：《庭院》第 186 号《向日常生活中灌注绿色的力量》 作者：田岛氏）

（图 2）有植被时的体感温度

气温　28℃
相对湿度　60%
风速　0.5m/s

⟵ 温度差 -5℃ ⟶ 树荫：体感温度 23℃

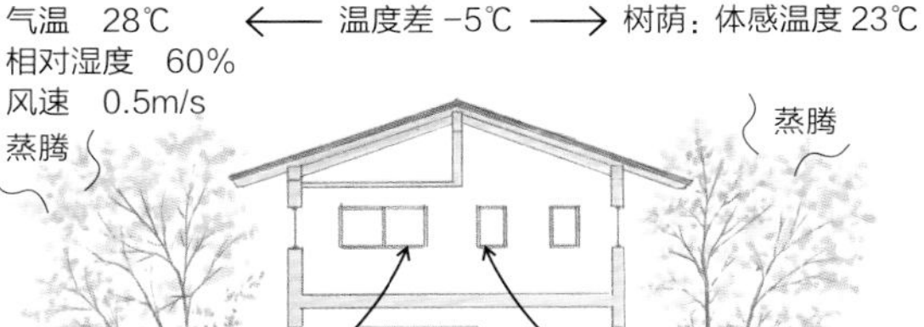

草地（地面温度 21℃）　**草地**

（参考文献：《庭院》第 186 号《向日常生活中灌注绿色的力量》 作者：田岛氏）

有无树荫体感温度差可达10℃以上

图2和图3表现的是，有无树荫时房屋周围的气温及体感温度等情况。通过对比可发现，两种情况下体感温度差可达16℃。

关于体感温度，举例来说，当气温为30℃时，在公园的树下会感觉清凉；在马路上，由于地面和大楼带来的辐射热，人会相当难受。所以，在追求住宅的舒适性时，不能只考虑实际气温，而是要通过在地面及墙面上制造树荫来抑制辐射热，降低人的体感温度。

图4为是否覆盖有植被的住宅的MRT（平均辐射温度）对比情况图。所谓MRT，表示的是来自周围的辐射热。例如，酷暑里被炙烤的水泥地面温度高，而树荫下的地面温度低。MRT对体感温度有决定性的影响。

树荫地面和水泥地面的MRT可有20～40℃的差别。夏天时，水泥柏油路面被整日暴晒，街道上的温度要比气温高很多，说明我们制造了难以居住的环境。

能给室外带来凉爽空气的，唯有在高处伸展枝叶的树木。合理栽种树木，借助自然的力量，可使室内外都变得宜居。这样，我们也能够过上有鸟鸣、虫鸣相伴的健康的生活。

使居住环境免受不良自然灾害

如果住宅周围没有树木，就要遭受夏季的酷热。影响居住环境舒适性的因素还有很多，如随意肆虐的大风、潮湿、干燥等。

在日本，有些被田地环绕的散居村落位于开阔平原上，容易遭受台风和季节性强风的侵袭，村民们就在房屋周围种上了巨大的树木来抵御。这就是所谓的住宅植被。此外，在洪水泛滥、泥石流突发等自然灾害面前，周围的树木也可保护家园。

住宅周围的树木，如果达到一定的数量，会改善住宅环境的微气候，温度和相对湿度等会更加宜人。

（图 4）高度为 1.2m 的 15 时的 MRT 分布计算结果

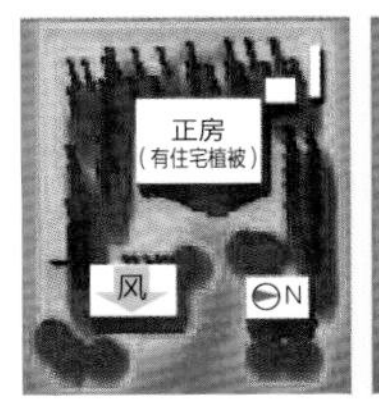

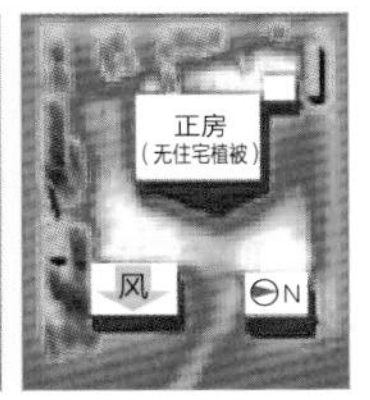

15时　▼户外气温31.8℃　MRT
30　35　40　45　50　55　60（℃）

（摘自《环境的管理》第 68 号 2009.3）

这是富山县砺波平原的散居村。为了在连绵山峰吹下来的季节风中，保护散布在扇形水田中的居住环境，人们在房屋周围培育住宅植被。散布在平原的住宅植被风景独特，面积现在仍在扩大。

树木的力量很强大
可抵御强风
也可形成微风

树木对强风的阻挡效果很明显，以图5为例，以树高为标准单位，影响范围可达上风5倍树高距离、下风30倍树高距离。

下图是名为备濑的村落，位于冲绳县本部半岛前部。

这个村落所有的住宅，从古至今都被一种叫福木的热带树木覆盖着。盛夏时节，走在树荫里会感到习习的凉风吹过，身上的汗水随之消失得无影无踪，非常舒服。长久以来，这些茂盛的大树像保护神一样，帮人们抵御了亚热带的烈日暴晒、频繁的海风、每年的台风等带来的侵害。

（图5）削弱强风的树木的力量

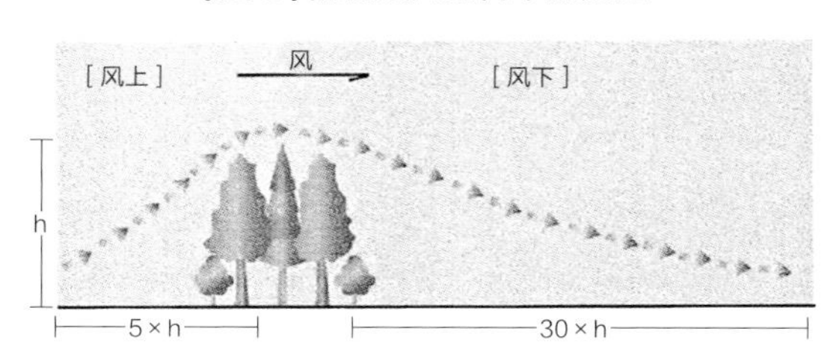

（资料：樫山德治《内陆防风林》 林业技术 1967）

冲绳县备濑村落内的住宅植被。

以冲绳县为首的亚热带西南诸岛，住宅植被的主要树种也是福木，茂密厚实的枝叶强有力地遮挡住了海风和热辣的阳光。

那么，它们的防风效果究竟有多强呢？下面我们通过一个具体事件来看一下。表1展示的是2011年9号台风过境时，有福木环绕的那霸市内的中村世家（中村家住宅，国家指定重要文化财产）、那霸气象站及宫城岛气象站三地的风速对比情况。气象站附近是没有树木环绕的。

那时，那霸当地的平均风速是每秒15米，最大风速是每秒30米。宫城岛当地的平均风速是每秒20米，最大风速每秒35米。而被福木环绕的中村世家的平均风速是每秒2.5米，最大风速是每秒5米，前两个风速几乎一致，可以看出，树木的防风效果确实是很强的。

除了强风，树木对微风也有一定的影响。通过表2我们可以看出，正常情况下，没有住宅植被的地方的风速为每秒一两米左右，几乎没有微风。但在住宅植被下，微风经常流动。

高处的枝叶随风摆动，削弱

采用福木的住宅植被。（冲绳县）

（表1）台风过境时的风

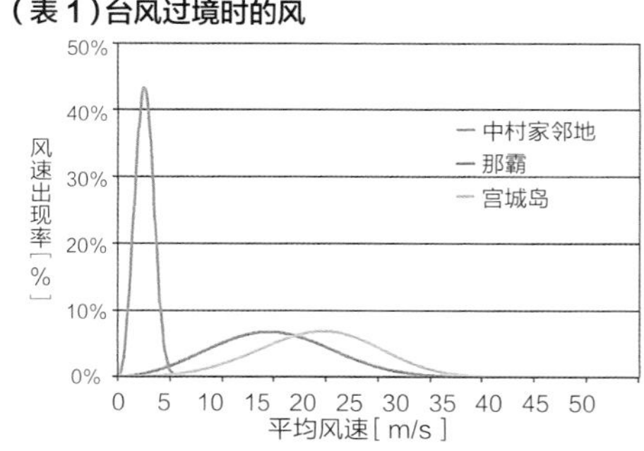

（参考文献：《中村家的秘密——从琉球红瓦屋脊中学习》 游文社）

栽植半年后的杂木庭院。在现代住宅条件中，发挥树木的力量，追求舒适生活的栽植方法。

了强风的劲头。交错的枝叶下方形成隧道一样的空间，风在其中可以自由通行。特别是在晴天，树荫和向阳处的温差会导来自然微风，令人清爽凉快。微风会推动停滞的空气，驱散积存的湿气，调整干湿度，形成舒适健康的环境。

如此精彩的正是树木的力量。曾经的日本，居所周围合理地布局着大量的树木，不仅室内，包括居所的整体乃至整条街道，都让人感觉舒适宜居。

但是现在的日本，住宅环境发生了很大改变。我们倡导杂木庭院的目的之一，就是想通过自然的力量，来改善大家的住所及周边环境，这也正是现代住宅植被的潮流。

房屋四周充满有机材质还是无机材质，对人体健康的影响作用差别很大。不难判断，自然的、干湿度合理的居住环境是有利于人体健康的。真正意义上的杂木庭院，正在受到越来越多人的关注，需求量也在急剧增大。希望将来的住宅里，都能发挥树木的力量，形成理想的生活环境。

（表2）平常的风

风速出现率［%］ 0%–80%
平均风速［m/s］ 0 1 2 3 4 5 6 7 8 9 10 11 12 13 14
—中村家邻地
—北中城消防本部
—那霸
—宫城岛

（参考文献：《中村家的秘密——从琉球红瓦屋脊中学习》 游文社）

2 树木对身心健康的积极效用

人在自然环境中更容易保持身心健康

杂木庭院借助树木的力量，实现了环境的自然化，改善了居住场所的微气候，对居住之人的身心健康有积极的影响。

远古以来，人与天地万物总是和谐统一的，能够从熟悉的自然环境中感知生命的温暖与祥和。

如果长期隔绝自然，被人工制造出来的无机物质包围着，就很容易在毫无察觉中损害健康，我们已经听说过很多这样的事了。

说到建筑材料，我们已经知道，采用木质结构的住宅的平均寿命，比采用混凝土材质的住宅要长9年左右。不仅如此，住在木质结构的房屋里的人，不像住在钢筋混凝土楼房里的人那样爱得流行性感冒和癌症。甚至，逐渐报道出这样的研究结果：在钢筋混凝土住宅中，不孕、智障、精神病乃至暴力倾向等疾病的发病率会增加。（根据岛根大学中尾哲也氏研究报告及其他）

采用本地木材和石灰的房子，搭配屋外的树木。这样理想的居住环境对身心健康很有好处。

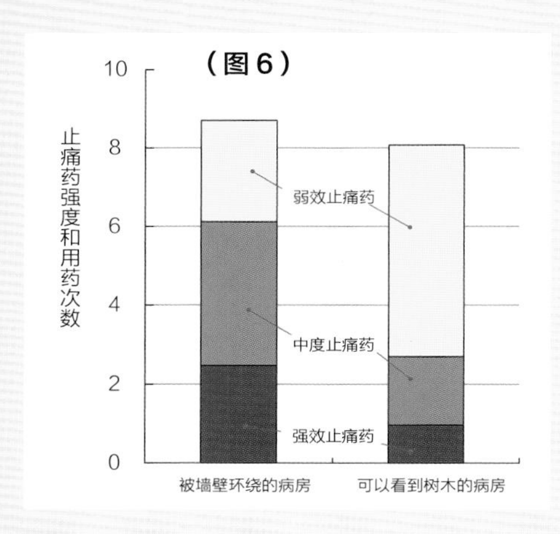

（图6）景观不同的病房在手术后用止痛药的对比（手术后2~5天）

（参考文献：SCIENCE,VOL.224 1984年 ROGER S.ULRCH）

在可以看到树木的病房，手术后会快速恢复

关于树木的独特作用，美国宾斯法尼亚的一家医院曾做过一个实验，得出了有趣的结论。医生将刚接受过胆囊摘除手术的两个患者，分别安排在两个病房里，从一个病房可以看见树木，另一个则只能看到墙壁，然后观察他们在2到5天里使用止痛药的强度情况。

结果如图6所示。我们可以清晰地看出，在可以看到树木的病房，病人术后很快就不再需要强效止痛药，改为使用弱效止痛药。此外还可以得出这样的结论：在看见树木的病房里，病人术后出现并发症的概率也明显很低。

树木的疗愈效果，可能是通过激发人体自身的生命力来实现的。

与城市环境相比森林环境会提升人体免疫力

那么，绿色环境到底是如何对人体机能产生影响的呢？让我们来看一个调查结果吧。图7展示的是森林环境和缺少绿色的城市环境中，运动前后人体内的NK细胞活性变化的差异情况。

NK细胞又称自然杀伤细胞，是人体重要的免疫细胞，可对抗人体内的癌细胞或病毒感染细胞。

也就是说，NK细胞的活性变弱的话，癌细胞会容易增殖，对抗病毒感染的抵抗力也会下降。

这样结果就非常明显了。与城市环境相比，在绿色丰盈的森林环境中NK细胞活性较强。也就是说，森林环境可增强人体对疾病的抵抗力。

最近，森林浴和森林疗法突然间备受关注。背后的原因，是我们确实感觉到日常生活中身边的环境很不利于健康，人们需要的绿色的自然环境正在渐渐消失。

在住宅庭院中如果有生机勃勃的自然环境，人就会被树木的生命温暖守护，对维持自己的身心健康有很大的促进作用。

如果远离身边的自然环境，健康可能就会远离我们。

（图7）城市环境和森林环境中NK细胞活性的变化（差距值）

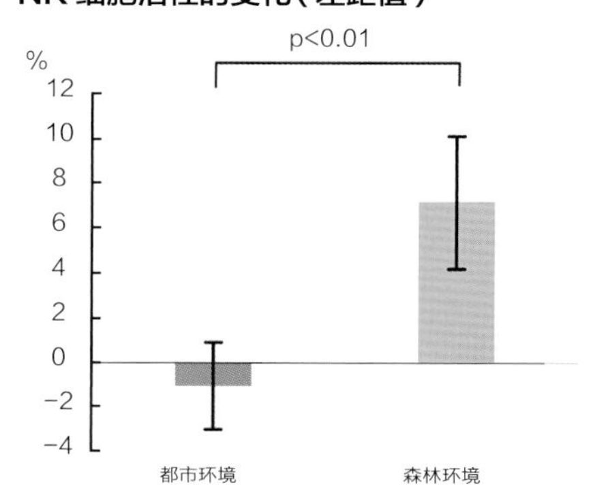

（参考文献：林野厅《关于森林的健康和治愈效果的科学实证实验报告书》精髓摘要）

在森林环境中负面情绪会减少正能量会增加

从迄今为止的调查结果中，我们明白了充满绿色的自然环境对我们的健康是很重要的。

其实，除了对我们的身体健康有直接的影响之外，环境对我们的心理健康也有很大的影响。

图8显示的是，在城市环境和森林环境散步后，人的心情变化对比情况。

调查结果显示，在城市环境中，不安、抑郁、愤怒、疲劳、

为了维持健康，不可或缺的是绿色的环境。在日常生活中难以触及自然环境的今天，杂木林的自然庭院炙手可热。

（图8）在森林和城市环境中人的心情的比较调查

60
50
40
30
紧张·不安
抑郁·低落
愤怒·敌意
活力
疲劳
混乱
城市环境
森林内

（参考文献：日本林学会志　85（1）2003）

混乱等负面情绪会很高；与之相对，在森林环境中，有活力的正面情绪就会高涨。

从图8的调查结果我们可以得知，处于绿色充盈的森林环境中时，人会心情放松，充满活力，心理很健康。所以经常有人说『身处自然，时光就会悠然而缓慢』。

过去，日本人习惯通过与树木、自然的对话来达到身心的平衡。在俳句、短歌、歌谣、童谣等文艺作品中，关于植物、风景等自然环境的描写比比皆是，由此可见一斑。在东方文化中，人是自然的一部分，天、地、人是和谐统一的。在社会生活中，人的内心难免会郁积很多的不舒适等负面情绪。而自然总是在不断变化，树木也是如此，通过观察它们，人会在潜移默化中将负面情绪慢慢排解掉，获得治愈的效果。

但是，日常生活中能治愈身心的自然环境变得越来越少，杂木庭院可以在一定程度上弥补这个缺憾，这或许是它深受欢迎的原因吧。

家附近的山林，曾经是孩子们的游乐场。跑来跑去一整天，花草树木、各类飞虫，所有一切对于孩子们来说都是重要的学习对象。

在狭小的空间，在这片土地的自然环境中再现了杂木庭院。这对在这里生活的人们的心理健康起到了什么作用呢，值得期待。（小松的院子）

3 树木可使孩子们健康成长

众所周知，要使一个孩子的身体和心理都能健康地成长，与自然环境亲密而有效的接触是必不可少的。

人是自然的一部分，对成长期的孩子来说更是如此。与自然的接触，可使孩子的视觉、听觉、触觉、味觉和嗅觉神经更发达、更敏感。通过这五感的活化，孩子能更好地感知自然，更深刻地从自然万物中领悟到生命的规律与美好，也能懂得自然中的万事万物是息息相关的。在孩提时代就得到的这些收获，对人的一生会有深刻的积极影响。

基于此，模拟自然生态，创造生机勃勃的杂木环境，就显得迫切而必要了。这样的杂木庭院，意义非凡。对孩子们来说，最重要的是生态环境一定要自然，千万不要人为地去雕琢粉饰。这个庭院每天每年都在生长变化，各种生物能自由来访，就像真正的大自然那样。这才是今后时代的杂木庭院。

有青蛙、独角仙等各种各样的生物栖息的杂木庭院，给孩子们宝贵的自然体验。

Part3

在庭院中发挥树木形成环境的作用

大山深处无人涉足的自然森林。乔木组成的林冠浓密交织，荫蔽着的森林的下层空间里，孕育出各种各样的动物和植物。

所谓树木形成环境的作用

要想拥有舒适的生活环境，首先要借助树木的力量，要为树木自身以及其他相关生物创造适宜的环境，这非常重要。

树木一直在为改变周边环境而努力着，它能改变与土壤、水、空气相关的温度、湿度、风等，进而形成新的气候。

这就是树木形成环境的作用。

过去，我们熟知树木形成环境的作用，为了创造舒适的生活环境曾利用这一规律。

树木是通过哪些途径形成新环境的呢？最主要的就是以下4条。

树木形成环境的作用

1 改善土、水、空气的作用
2 改善微气候的作用
3 保护土地的作用
4 孕育多样的生态系统的作用

树木形成环境的作用，仅从上面这些文字可能很难理解，如果用图来解释的话，会直观一些。如图1所示，大致可以分为根的功能、枝叶的功能和地表空间的功能3个方面。

（图1）树木的环境形成作用

枝叶的功能
地表空间的功能
树根的功能

1 改善土、水、空气的作用

根部改善土壤、孕育水的作用

除了人类，丰富而干净的水、土、空气也是各种生物生存下去不可或缺的东西。干净的水、土、空气从哪里来？树木功不可没。

从某种意义上来说，树木称得上是很多生物存在的基础。

其中，土和水很大程度上依赖树根的作用。

树根的形状和伸展方式，因树种的不同而有很大的差异。乔木的根大多深入地下，有些则在地表大面积扩张，通过与其他树木的根或者土中的岩石缠绕相连来支撑树干。

有了树根的支撑，枝叶随风摇曳不倒，大树才能存活下去。而且树木的细根很丰富，在每次断掉之后会再生。断掉的细根给土提供有机物，变成微生物、菌类及其他土中生物的食物，土中生物最后会被分解融入土壤。这种情况下，枯死的根腐烂会产生空隙，雨水则能通过这些空隙浸入土壤深处，被储存起来。另外，强风中大树会剧烈摇晃，这些力量会通过粗大的树根，微妙地震动大地，进而产生空隙。

数百年间净化水、土、空气的大树。
（筑波山　山毛榉）

大叶栲（黎蒴）大树。支撑巨大树干的庞大树根在土中扩张。

同样的道理，通过由此产生的空隙，空气、水以及地表的微生物或者菌类等被送至地下深处。另外，土中丰富的生物死后会分解，再加上断掉后分解掉的细树根，深层土壤将得到彻底的改善。

（在日本）人们总是认为，肥沃疏松的土壤是拜落叶分解所赐，实际上落叶影响到的仅仅是表层土壤。如上文所述，改善地下数米深处土壤的，是树根的力量，树根枯荣再生累积了丰富的有机质，也储存了丰富的水资源。

在长期种植树木的庭院里，土壤深处的土质也会得到改善，变得更好。树木对土壤的改善效果，其实就算在短短的几年内也会出现。

另外，人们将森林称为天然水瓶。这是因为，森林中的土壤借助树根的力量得以改善，富含细微的空隙，就像巨大的天然储水槽一样，能够存蓄大量的雨水。这些存蓄的雨水达到一定的量之后，其中的一部分会形成地下水流，经常在某处冒出来流向地表，最终形成河川。（见图2）

如果森林系统不健全，下大雨时土壤就难以储存雨水，最终大量的水和沙土会一起流走。

在刚建起房屋的庭院里，土壤一般会被夯实。院中没有树的话，水就很难渗透，容易积水。如果种上树，不到一年，院子里的土壤的渗透性就得到巨大改善，不容易积水了。这是因为树木根部改善了土壤，使其具有了保水效果，使庭院具有了有益树木和其他生物健全生长的土壤环境。

（图2）森林土壤的雨水渗透

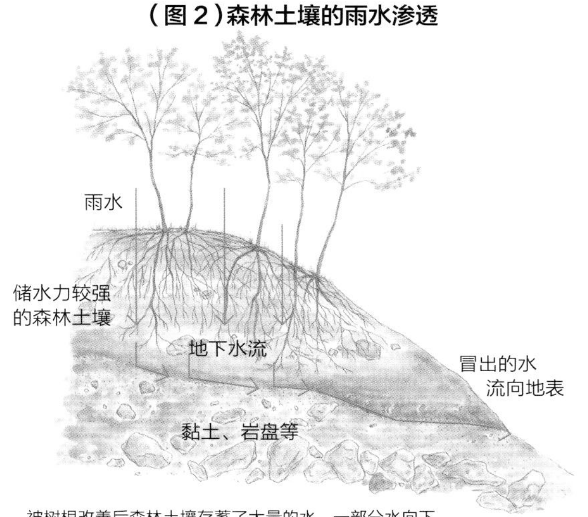

被树根改善后森林土壤存蓄了大量的水，一部分水向下渗透形成地下水，最后冒出地表。

净化大气环境 新鲜的氧气和树木的挥发性物质的变化

众所周知，树木通过光合作用产生氧气。这里想特别提醒的是，在植物体内借助阳光产生的新鲜的氧，在白天是不间断释放的。这些氧不是空气中原有的，而是通过枝叶的光合作用而释放的，是全新的，是有生命的无垢的氧。

除了氧气之外，树木还会产生各种挥发性物质。其中就有树木中的精油成分，包含了总称为植物杀菌素的挥发性物质，具有一定的杀菌作用。

这种植物杀菌素，原本是树木为了保护自身、避免病原等有害物质而产生的，被认为有强力的除臭效果和空气净化效果。

植物杀菌素的化学成分根据树种的不同而有差异，在过去的生活中，它们被当作药而广泛应用。例如，橡树和栗树等的树叶和树皮被用作药物。因为其中含有很多单宁酸，而单宁酸可以软化血管，对高血压和皮肤溃烂也有治疗效果。扁柏木和扁柏叶含有硫醇等成分，具有强效杀菌力，作用于人体时具有我们熟知的药效：消炎、镇静、止咳。

另外，从古至今放寿司的餐桌就是用扁柏木做的，因为它有杀菌作用。花柏叶含有强效防止氧化作用的二萜类化合物pisiferin，为了保持寿司的新鲜度，人们就将其铺在放寿司主料的容器里。此外，包裹在樱饼最外面的樱花树叶富含香豆素，包裹端午美食柏饼的槲叶富含丁香酚，这两种物质都具有很强的抗

森林的丰富土壤可以储存、净化丰富的水，清凉的水源源不绝，整年流淌。

树木会释放出各种植物杀菌素等有益成分，使周边空气清爽舒适，杂木庭院正是利用了这一点。

树叶释放在庭院中的植物杀菌素能净化大气，有利于人的身心健康。

树木是天然的空调。健康的乔木，为庭院里的人及其他生物营造了舒适的环境。

菌作用。

在自然界中，这些挥发性物质主要是通过树叶的蒸腾作用而传播于大气中的。

挥发性物质净化空气的能力和性质，因树种而异。大体来说，生命活动旺盛且健康的树木，净化杀菌作用就很强，这也是形成森林里的独特空气原因吧。在多种树木混杂的森林中，空气中混合了多种挥发性物质，就像集百药所长一样，有着很高的保健效果。

杂木庭院中，因为多种健康成长的树木的存在，周边的空气也就具有了健康效果。

2 改善微气候的作用

关于改善微气候的作用，前文已进行了说明，就不再赘述了，这里主要归纳列举一下。

· **日照的调节**

调节射入林内的日照。

· **风量的调节**

阻挡强风，形成弱风。

· **缓和温度、湿度的变化**

使林内（树下的空间）的温度、湿度维持相对恒定的状态。

树木的这些作用，不仅创造了宜于自身生长的林内环境，也有利于在其间生存的多样性生物的健康。

3 保护土地的作用

近年来，过去不曾有过的暴雨在日本各处时有发生。有人指出，随着毫无好转迹象的全球变暖现象越发严重，在以后的日子里，我们从未体验过的激烈暴雨有可能会更加频繁，并伴随爆发越来越多的洪水和泥石流等灾害。

出云平原水田地区的住宅和旁边的树木。

有鉴于此，有必要再次强调树木根部对土壤的保护作用。请看散布在岛根县出云平原水田地区的住宅及旁边的树木。这些住宅被称作人造陆地，在水田中呈点状分布，房屋四周一般都伴随着高高的树木。在冬季时，这些树木可以在从日本海吹来的冷季风中保护房屋。实际上，其作用不仅仅是阻隔强风。

因为住宅所处的土地是被水田包围着的，土壤容易因为暴雨和洪水的冲刷而流失。而围绕住宅栽种的树木会紧紧抓着大地，牢牢地紧固着土壤，这对保护住宅自身的安全起到了关键作用。

古人将这种围绕房屋四周栽种的树木叫作垣根（编者注：垣，栅栏、围墙之意），词意是『树根组成的围墙』，可见古人已经很明白树根对保护居住环境的重要作用。

所以，我们在考虑树木功效之时，不要只是着眼于其观赏效果，还应该多多关注这些看不到的部分。因为正是这些看不到的功效，赋予了居所以舒适性及安全性，可以安抚心灵，让人产生被树木保护的踏实感。而在我们的身边，也确实有很多地方的树木既形成了优美的风景，又兼具其他实用的功能。

牢抓土壤，防止土壤流失的垣根。

4 孕育多样的生态系统的作用

在自然界中，形成森林环境的万事万物是相互作用、相互影响的。一年里，很多的树木在不断地竞争、淘汰，以微妙的平衡而共存着。另外，在土壤中与根共存的菌类和微生物等，孕育出多种土中生物。在林冠下，林内空间产生森林，发挥各种微气候空间，多样的植物、动物作为生态系统平衡的一员共存，这形成了这片土地的丰富的自然环境。

树木绝不可能一棵独活。如果想要建造满溢精气的健康的庭院环境，必须考虑树木的搭配、土壤环境、微气候条件等，并且需要费心打造一个生态系统。

孕育各种生命的丰富的森林环境。

栽植的要点 在庭院中活用树木的环境形成作用

为了建造舒适的居住环境的栽植树种

要想在庭院中发挥树木改善环境的作用，以建造健康舒适的居住环境，需要做一系列的工作。

成熟的森林环境（北关东的山毛榉树林）。点状分布的乔木形成了森林的微气候环境，林冠下面舒适的空间孕育了各种各样的中木、矮木等。

其中最重要的是主要树木的选取。所谓主要树木，指的是环境形成能力强的树木，通常选取的是乔木。乔木中，也要看具体树种的环境形成能力，一般优先选取本土树种。

乔木的环境形成能力较强，可作为杂木庭院的主要树木

大自然里健康的森林中，乔木类树木承担了建造森林环境的主要作用。此外，由于乔木通常较高，日光和风被抑制得到改善，在这种环境下，亚乔木、中木、矮木、花草分配高低空间而共存。

有必要明白的是，森林中自然长出的乔木与在高木之下的环境中长出的树木，二者的环境形成能力是完全不同的。

总体来说，占据森林的林冠、正面接受直射阳光和强风的乔木树种，环境形成能力较强。而这类乔木之下生长的亚乔木、中木及矮木等的环境形成能力，要弱很多。

所以，应该将环境形成能力较强的森林乔木树种，作为庭院的主要乔木。因为其有旺盛的生命力，所以可以较快并且高效地改善居住环境。

关东以西地区的杂木庭院，所用的主要树木是落叶乔木及亚乔木树种。我们对其中一小部分树种进行了研究，对其环境改善能力由强到弱进行了分类：

森林的乔木树种（落叶树）

枹栎、榛树、山樱、麻栎、榉树、桂树等

森林亚乔木、中木树种（落叶树）

大柄冬青、水榆花楸、山枫、伊吕波枫、紫花槭、小叶梣、野茉莉、白蜡树、四照花、假山茶、赤杨叶树等

关东平原地区的杂木森林。枹栎、麻栎、榛树、山樱等近山乔木树种之下，各种树木分布有序，共同茂盛生长。

（图 3）乔木、亚乔木、中木树种的构成

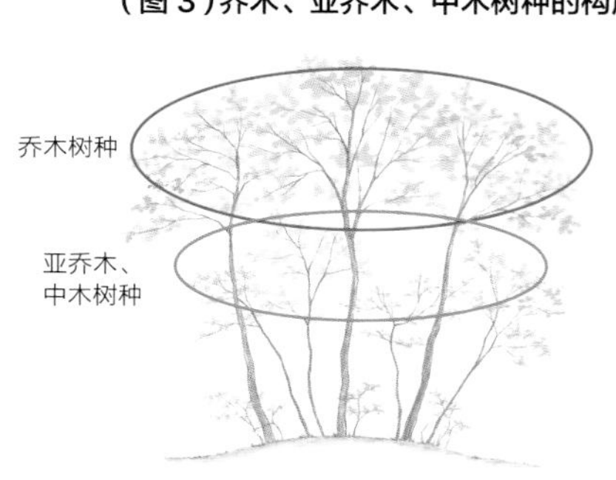

亚乔木树种：指森林的林冠近距离下方层次的树种。

林冠：森林里，直接接受太阳光线的乔木枝叶茂盛，在森林的立体层次的最上层部分。

（图 4）最近的新兴住宅区常见的微气候环境（摘自《今后的杂木之院》）

太阳的直射热
因为房屋的飘窗很浅，所以两层房屋的南侧和西侧开口部分有直射热进入，炎炎烈日烤炙室内

邻居空调等散发的废热和墙壁的辐射热

邻居空调等散发的废热和墙壁的辐射热

地表、路面的辐射热

停车场的辐射热

现在我们知道了，乔木是形成环境作用的主要树种，接下来要花心思研究在其下方该搭配什么树种，以充分发挥各种树木的力量，来共同营造理想的杂木庭院。

枹栎等是关东地区杂木林中的主要乔木，小叶梣、紫花槭等是森林中的中木树种，若以作为杂木庭院的主要树种而论，前者和后者改善居住环境的能力肯定是有差别的。

但是，若庭院面积有限，不适合高大的乔木，可以因地制宜，花点时间培植亚乔木树种，灵活利用各具体树种的环境改造作用。

没有绿地，地皮上排列的量产住宅进一步恶化街道环境。

改善庭院环境的代表树种——枹栎

关东地区的杂木林中最具代表性的树种，毫无疑问就是枹栎了吧。

枹栎与其他乔木树种不同，具有群生共存的性质。在关东地区的一般近山杂木林中，这一点体现得很明显：以枹栎为中心，周围点状分布着麻栎、榛树、山樱、栗树等，它们共同构成了乔木林。

很多落叶乔木都有较强的环境形成能力，但在以改善环境为主要功能的杂木庭院中，多用枹栎作为中心，它也被称为杂木庭院的代表树种。这种构成方式，可以说是符合自然规律的。

·能适应狭窄的空间宜于周围的树木共存

在自然状态的森林中，枹栎丛生密布着，纤细的树干连绵妙曼，形成一片勾人回味乡愁的杂木林原生态风景。

枹栎树枝的前端需要接受阳光，与其他树种搭配种植时，枹栎在竞争中向上延伸，下面不能晒到阳光的树枝会干脆地掉落，

枹栎占据着关东杂木林乔木的一大半。因其高度的环境使用能力，被用作居住环境中极好打理的乔木树种。

杂木林中的枹栎，树很高却是纤细的形状，与周围的树木共存，树干连成一片的美景是杂木林的巨大魅力所在。

改变形状，形成杂木林中纤细模样。

杂木林中，但凡枝叶间有能露进阳光之处，枹栎的纤柔枝叶就会向那里伸展，最终树林里枝叶密集，形成森林。因为有这种高度的空间适应能力，枹栎成为以关东地区为中心的日本全境近山的原生态风景。

为了寻求枝叶的生长空间，枝干巧妙地弯曲，与周围树木共存的智慧，是其他例如麻栎、榛树、山樱等枹栎林中分布的其他类乔木所难以企及的。

枹栎这一性质，非常适合在街旁的狭窄宅院中，发挥绿色的力量。

·移植后能够快速恢复健康

往庭院中移植树木时，难免要将部分树根切断。栽植好后，树木需要一定的恢复期，有些树木可能会因恢复不好而死掉。与其他树种不一样的是，枹栎的根部恢复速度非常快，大概2~3年，粗壮的树根就会深深扎入地下。

这一点，在城市街道旁等严酷的环境下很关键。如果一种树木被移植后，需要很长的恢复时间，成活的概率就会降低。而且，形成树荫及改善土壤的作用也不能尽早体现。

移植后，枹栎在庭院中的实际魅力是多种多样的。

结果实、易打理、富于杂木的野趣、环境改善能力强、树皮优美、树叶间的风声清爽，优点数不胜数。这才是真正的杂木庭院，女王级的。

与枹栎相比，被认为是杂木代表的另一个树种麻栎，其生命力旺盛，根系发达，独特的树皮同样富于野趣，环境改善能力也不逊于枹栎，但是枝干长得太过笔直，后期维护管理起来有很大的限制，在狭窄的空间容易产生违和感。这一点在大院子里的话没有问题，如果是街道旁的一般住宅就很不方便了。除了麻栎，在空间上受制约的还有榉树等。

50m² 左右的庭院种植了 10 棵枹栎，下面还有小叶梣、紫花槭、青冈等，20 多种树木共存，打造出容量丰富的森林环境。

以枹栎为主要树木的杂木庭院的树种的种植分配

通过将各种乔木分配在需要减弱夏日阳光的南侧庭院和西侧等，可以很有效率地改善居住环境。树种是以枹栎为中心，配以榛树、山樱、麻栎，根据需要再佐以榉树等，按照庭院的情况进行搭配即可。

树皮美丽的枹栎和下方的树木，将枹栎作为主要树木时，在绿色中出挑的美丽树干的线条化身为庭院的骨骼。

（图5）南庭栽植示意图

杂木林的落叶树乔木树种

抗日照和反光的森林绿树种

中矮木、矮木树种、地被类

林内的亚乔木、中木树种

下面的亚乔木、中木层，可选小叶梣、枫树、槭树、四照花等树种，甚至可以选落霜红、腺齿越橘、金缕梅等森林中的中木、矮木树种。在由乔木形成的舒适环境中，通过合理分配森林地表的空间，树木本身纤细健康的形态变得容易维护。

地表附近及西侧，适宜栽植栎树、大柄冬青、榛树、杜鹃、蜡瓣花、海桐花、厚叶石斑木等耐反射和抗炎热能力较强的树种，在不破坏整体氛围的前提下合理搭配。中矮木和林缘部分，不要拘泥于这片土地本来的树种，针对微气候环境，选择没有违和感且能享受四季的树种吧。

栽植，就是整合好基本的群落单位，通过将其分配在几个不同的地方，进而产生幽深、通风良好又舒适的空间的过程。

栽植乔木树种时需要注意的几点

将枹栎、榛树等杂木林的乔木树种置于庭院中后，一般来说，树高达7米以上时可以保持良好的状态。如果将其限制在5米以内，这些乔木就负担得太多了，持续保持好的状态就会很困难。

若栽植环境要求必须压制最大树高时，可以考虑不用乔木树种，而用树高可以控制在5米以内的亚乔木树种，以及环境形成能力很强的常绿树乔木树种相搭配，使其常年保持良好状态。

枹栎为中心，榉树、麻栎等10多棵乔木之下，环境得到改善的舒适的庭院空间中，健康地孕育出各种树种，这是环境改善的理想庭院姿态。

这是没用枹栎等落叶树乔木树种的杂木庭院。施工后10年。因为地基的3个方向邻居都建了二层楼，环境被压制形成背阴处，其实不要乔木会好些。树种的选择要依据环境条件随机应变地判断，这点很重要。

林缘：森林边缘的部分。庭院的栽植中，指栽植群体的边缘，即从侧面接受阳光和反射的部分。

在狭窄的门前通道建造杂木庭院

高田宏臣　图　竹内和惠

Part 1 让通道亮眼的树木的配置

千叶县　前田的庭院（庭院造型：松浦造园）

这是穿过树木形成的隧道，通往住所门口的通道。建造出这种毫不造作的自然、美丽的道路的话，不光是居住的人，路过的行人都会觉得赏心悦目吧。即使是有限的空间，也可以通过在树木的搭配和种植方法上下功夫，而让人感受到宛若在林中散步般的清爽。

即使狭窄也能打造盈润丰富的通道

为大家介绍一个在不足30m²的房屋前方的空间里，精心分配停车场、门口通道、停放自行车空间的例子。

从马路到房屋的5m纵深，停车空间背面没有余地进行屋边栽植。

因此，在房子门口正面左侧靠近停车场的空间处花心思栽植树木，让房屋正面的景观看起来盈润。

分散栽植空间来演绎纵深

栽植空间，分散在路边和门廊楼梯两边的3个地方，设计师通过给树木的高度和植物的容量增添一些变化，演绎出门口的幽深。

在门前通道里，邮箱和对讲电话的位置作为居所与外界的交界处，有重要的作用。也就是说，外面的人进来时，这个地方是半开放的空间，同时它也是房主私人空间。

另外，这3个地方的栽植的枝叶在空中相交，共同形成树下的通道，产生了一种沉静之感。

对于最近新建的住宅来说，活用门前的富裕空间越来越难。但是，即使是狭窄的空间，通过分散配置栽植空间，再使它们连接起来呈现，空间就会一下子让人产生错觉似的，盈润了起来。

右上 / 通过种植山枫、紫花槭、吉野杜鹃、马醉木等。打造四季都可观赏的通道。

右下 / 这是通道深处建造的出水栓。利用枕木，很好地调节了庭院。在背阴处种植大吴风草、蝴蝶花、蜘蛛抱蛋等，来调节湿润度。

左 / 栽植空间分散在门面和左右 3 处，通道被明亮清爽的树木围绕。另外，各自的栽植空间都通过高度、容量感演绎出幽深感。通道更显广阔。

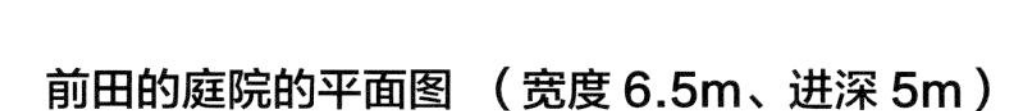

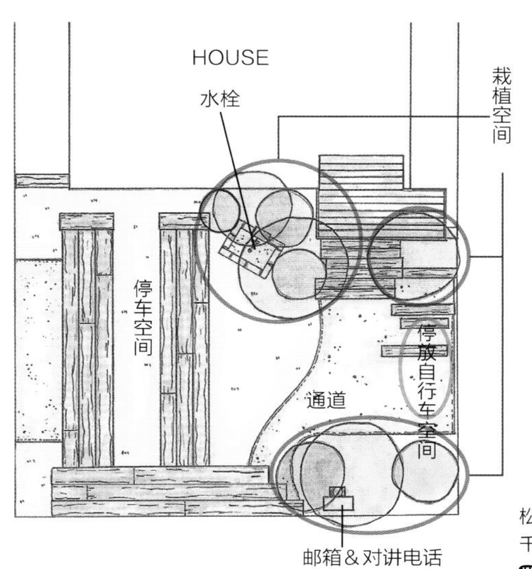

松浦造园：
千叶县千叶市绿区东山科町 14-12
☎ 043-309-7366

另外，如果是狭窄到难以展现栽植容量的空间，通过将竖直的出水栓这样的小物件作为重点来布置，庭院就会变得有乐趣。

这里门口门廊左侧，用枕木做一个竖直水栓，在周围配以大吴风草和蝴蝶花、蜘蛛抱蛋等色彩浓重的大株的草，虽然狭窄却能打造绿色的容量感。

Part2

要建造庭院，土壤改造很重要

植树坑的土壤改良顺序

① 在植树坑深处放入树皮肥料和土壤改良材料，与下面的土壤混合。

② 将填埋用的土壤也混入肥料。

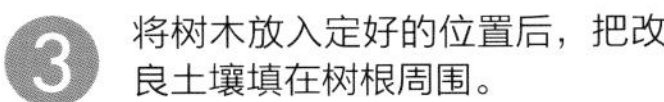

③ 将树木放入定好的位置后，把改良土壤填在树根周围。

栽植时土壤改良的意义

移植到院中的树木，一般都要切断一部分的根。就像做完手术的病人，树木为了生存下去，就要在新的土地上努力伸展树根。态势恢复的话，树木就会发挥自己的作用，改善周围土壤环境。刚被移植到新的地方，要想快速长出生存必需的新根须，就要以原有树根周边为中心，改善土壤。

虽然各种树喜欢的土壤不大一样，但大部分的树木要求其蓬松柔软、腐殖质较多、排水储水好、通气性佳。总之，与森林土壤相近的黑色、湿润、松软的土壤，对于健康地生长根须来说是最好的。

植树坑的土壤改良方法

这个改良方法，是将要移植树木根须周边的土壤替换为优质土壤，即在现存土壤中掺入肥料等土壤改良材料再填回原处。

土壤改良材料，会用到树皮等植物性有机质粉碎完全成熟的树皮肥料、发酵促进剂的微生物改良材料、竹炭或木炭、珍珠岩、苔藓泥炭等各种各样的资源。

请参考左图，来看土壤改良的方法。

首先，挖一个植树坑。要移植的树木的根部一般带有原来的土壤，大致呈圆柱状。以这个圆柱为参照挖一个深坑，坑的半径比根部大20~40cm，深度比根部多20~30cm。

接着，在坑里放入肥料或土壤改良材料，与下面的土均匀混合，制成容易排水的松软状态，使根部下面通气性和透水性良好。

甚至，填埋用的土壤也要掺入树皮肥料等，使整体达到松软的状态。

如果原来的土壤是沙质的，缺乏有机质且容易干燥，可在土壤混入30%左右（体积）的树皮肥料，改善土质。除了树皮肥料，还可以混入优质土壤。

与蔬菜、花草不同，树木栽植时对土壤改良的着眼点，不是加入肥料，而是改善土壤的通气性、保水性、透水性和微生物的环境，创造让根可以在土中健康地生长的环境。

植树坑的土壤改良

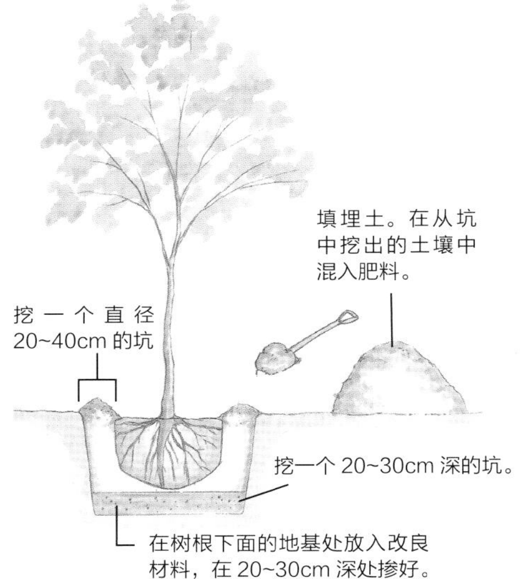

Part 3

树木的选择和购买

对于选择树木的标准，有必要认真考虑。除了树木的氛围和个人的爱好外，还要考虑：①种植场所的环境条件；②在与其他树木搭配时能否彼此适应，健康、不勉强地生长；③是否便于后期的维护管理。

在日本，家庭用品商店里贩卖的树木，大都姿态端正、形状笔直，不适合用作杂木庭院。要想买到与杂木庭院氛围相衬、形状自然的树木，可以去花木市场看看，或者请附近的花店帮忙介绍一下供货商。总之，我们得亲眼看到实物，体会它的形状，考虑是否符合追求的气氛，区分清楚柔软的树形再做决定。

推荐给初学者的主要杂木

树种名	分布和特征	在院中的用法	在小院中的大致树高
枹栎	落叶树乔木。分布：北海道至九州。自然状态的树高：10~15m。温暖带杂木林的代表树种，也是杂木庭院的代表乔木	乔木·主要树木	5~9 m
耳栎	落叶树乔木。分布：北海道至九州，冷温带、暖温带的山地地区。自然状态的树高：15m 左右。生长较稳定，在庭院中极易打理	主要树木·中高木附带树木	5~8 m
榉树	落叶树乔木。分布：本州、四国、九州的山地或盆地。自然状态的树高：30~40m。可作为主要树木，打造庭院风格。在院中，通过与其他树搭配，可以充分控制生长速度	乔木·主要树木	7~10m
小叶梣	落叶树乔木。分布：主要在冷温带的山地地区。自然状态的树高：15m 左右。惹人生怜的枝叶轻盈，配以白花、极富野趣的树干，很受欢迎。适应能力强，暖温带的庭院也适宜，需要一定的日照	主要树木·中高木附带树木	4~7m
伊吕波枫	落叶树亚乔木。分布：福岛县以南，及至九州的温暖带山地和山谷。自然状态的树高：10m 左右。新叶和红叶都很美，是能为杂木庭院添彩的不可或缺的树种。在城市环境中，因为日光直射干燥受伤的情况很常见，所以可植于枹栎等乔木下	中高木附带树木	4~5m
紫花槭	落叶树亚乔木。分布：主要在北海道至九州的冷温带山地地区。自然状态的树高：8~10m。红叶很美、可爱的树叶和纤细的枝条非常有人气。在温暖带地域的庭院，利用杂木乔木的树荫来遮挡日光即可	中高木附带树木	3~5m
大柄冬青	落叶树亚乔木。分布：温暖带至冷温带的山地。自然状态的树高：8~10m。雌雄异株。5~6 月开花。单棵风景欠佳。红色果实在入冬叶落后也是美景。避开夕阳，在城市的庭院中，可与其他树木搭配缓和日照，种植时以枝叶不被日晒为宜	中高木附带树木	3~5m
野茉莉	落叶树亚乔木。分布：冷温带下部至温暖带山地。自然状态的树高：7~8m。雌雄异株。6 月盛开的大团大团纯白色小花令人印象深刻。树叶细小，赋予杂木庭院以变化和厚重的层次感	主要树木·中高木附带树木	4~6m
四照花	落叶树亚乔木。分布：本州岛以南至九州的寒凉山地。自然状态的树高：10m 左右。春至初夏开放的纯白花朵很美。在庭院中作为主要树木保持大小，为了维持纤细的自然树形，种植在落叶树乔木下方的半阴影处为宜	主要树木·中高木附带树木	4~6m
日本紫荆	落叶树乔木。分布：冷温带。伊豆、箱根、近畿南部、四国、九州的山地地区。自然状态的树高：15~20m。树干皮肤呈红色，很美，很受欢迎。为了保持长久，应使枝叶上部可以晒到阳光，下部尽量避免阳光	主要树木·中高木附带树木	4~6m
落霜红	落叶树矮木。分布：冷暖至温暖带山地。自然状态的树高：3~5m。下垂的花朵很美丽，果实在开火 6 月后开始渐渐变红，秋天会裂开，看到黑色的种子。应植于乔木和中高木的下方，避免强烈日光，保持通风凉快的状态	中木·中木附带树木	1.8~3m
腺齿越橘	落叶树矮木。分布：冷温带至温暖带山地。自然状态的树高：2~5m。富于野趣的枝条下垂的姿态很有魅力。红色树叶和黑色果实也可赏玩。强烈推荐植于杂木庭院	中木·中木附带树木	2~3m

*“在小院中的大致树高”是指根据修剪，维持自然的形状，紧凑管理的大致树高。

Part 4

打造通道，杂木的混栽

搭配树木营造自然风格

在狭窄的空间，要营造出树木的容量感，不应平面地铺陈树木，而应该在某个地方将乔木、中木、矮木、地被类立体地进行搭配组合，利用混栽方法营造效果。

应该将枝条柔软纤细、枝干细长的树木，自然而然地组合起来，在狭小空间生出自然森林一角的风情。

混栽的优点，不仅仅在于外观好看。在开阔的庭院里，高大的乔木群遮住了强烈阳光，下层的树木就得到了保护，能健康地生长。在半阴凉处，杂木的纤细枝条更容易维持自然的姿态。另外，在狭窄空间里混栽树木后，能更明显地感受到光阴交替和四季的变迁。

这些杂木原本都是日本自然森林的构成树种，在森林中本来就不是互相孤立地生长的，它们与周围的树木在竞争中共存，在强烈日晒、强风、干燥等条件中互相保护，枝叶不断延伸，最终形成了成熟的森林体系。

在庭院中混栽杂木，搭配树木时，有必要参考这样的自然林的构成，合理布局。另外，不要只关注所选树木当下的繁茂程度，还要考虑数年乃至10年后它们能否孕育出更美的风景。

杂木组合混栽模式图

乔木
枹栎、
榛树等

中高木
枫树、大柄冬青、
小叶梣、
紫花槭等

中木
垂丝卫矛、
腺齿越橘、
冬青类等

地被类
土麦冬、
玉簪、蕨、
蝴蝶花等

混栽散布组合而成，经过3年后的树木。乔木变粗，中矮木细小，张弛有度，变成了有自然深度的美景。

通道沿线的植物配置

将通道设计成缓和的S形，在凹处搭配种植杂木，使它们枝叶相连，构成怡人的绿色通道。

门口旁的两个地方，混栽群连成一片，让门口景色鲜活起来。这个栽植面积合计不足4m²。

树木相互连接，形成盈润通道，景色不错。

交替布置树群造出风景

混栽树木形成的树群在通道两侧参差交替，连续分布，彼此的枝叶又在空中相接，将树木的风景串成一个整体，营造出了自然林般的舒适氛围。

既可赏景，又可享受自然林般的氛围，这就是杂木庭院的特征。在狭窄空间里，这种布局方法非常实用。

另外，为了让通道显得幽深，不能在某个地方集中布置栽植，而应该将通道的左右前后作为一个整体来分配栽植空间，分散地进行布局，这点非常重要。

选好树木，开始混栽

移植之前需要知道的知识

移植的场所和树木的选择方式

树木是在不断地生长的。它会长到多高多宽，怎样确保树枝伸张的空间等，都应提前规划好。

对于庭院中的树木，我们可以通过定期修剪来抑制其生长。但是如何保持整体树形的美丽和自然，如何保证树木的健康状态等，也需要根据具体场所的情况来进行。

另外，还需要明白具体场所的日照情况。树种习性各有不同，有的在阴凉处无法生长，有的怕湿，有的怕干燥，等等。我们需要在了解树木习性的基础上，结合环境进行选择。

移植需要2~3人协力安全进行

混栽时，主要树木一般为5~6m高。对于这样的杂木来说，根须直径大约为60cm以上，有时重量会达到10kg左右。一个成年人是很难搬运的。移植时，尽量和朋友一起，几人合力安全地操作。

落叶树的移植，最好在树叶落完的12月至翌年3月上旬进行。

移植的顺序

1 挖一个植树坑

在需要栽植好几棵树木的地方，不应该一个一个地挖坑，而要将栽植区域全体规划之后挖一个整体的大坑。此时，因为地下有管道，所以不能挖太深，同时要在周围留好堆放填埋土的地方。在植树坑中混入树皮肥料或土壤改良材料，以改良土壤。

2 剥落树叶

移植时一般会切掉一部分树根，相应地有必要剥落枝叶调整蒸腾的量。这项作业，在移植之前先做一部分，在移植之后再根据整体情况调整。

树枝一般错综复杂、重重叠叠的，要适当减少树枝，以留出空隙。与一般的修剪不同，这一步操作的目的不是为了缩小树冠。

移植第一棵树时，要确认朝向和斜度

移植栽植空间的中心树木时，站在可以看见庭院整体的位置，根据房屋及预想的混栽效果的整体平衡、协调情况，调整好这棵树的朝向和斜度。

4 栽种树木

在栽植空间的中心乔木的根须四周填入填埋用土，直到稳定好中心乔木。然后，将伸至房屋的树枝、破坏平衡的乱枝，以及与将要混植的树木相冲突的树枝，用高枝剪修整好。

5 在乔木旁汇集树木建造小树林

要想在狭窄的空间内培育出自然状态的小树林，就要密集种植，连根须都要紧密相连。树木之间相互影响，随着时间的推移，会渐渐达到效果。

将乔木至中高木、中木聚集一处，然后填埋土壤。这时，还不能把灌木或地被类植物移植进来。

6 让根须紧抓土壤

混栽完乔木之后，一边往植树坑中倒水，一边埋土，使根须与土壤紧密结合。这个方法也称“水秘诀”：让填埋土变成黏稠状流入根须空隙间，尽量不留缝隙。一层层加高填埋好，确保根须周围没有空隙，遍布泥土，这很重要。此外，还可以用“土秘诀”：用木棒等搅动填埋土来加固。

7 移植灌木和地被类植物

操作完上一步之后，先停一会儿，让填埋土稍微干燥点。然后在填埋土上再加土，用水秘诀法将根须较小的灌木移植好。最后，用移植铲等将地被类植物移植过来。

8 整地、收工

移植完毕后，用脚将填埋土踏实，整平，然后完工。如果将表面的土踏实至不再随便晃动，有一天地表会长出一层薄薄的苔藓。如果没有植入地被类植物，就要认真地将表土修整好，防止土壤流失。

完成

宽 90cm、进深 1.4m 的场地，以枹栎为主要树木，栽植了枫树、唐棣、金缕梅、观赏山茶、柃木、厚叶石斑木等。（协力：太阳和绿的建筑舍）

树下轻松惬意的露天花园

Terrace Garden

这是一个伸向院子的露天平台，像瞭望台一样。5月，平台被庭院里的嫩绿色枝芽环抱着，迎来了一年中最美的时节，营造出了舒适惬意的生活舞台。（内野的院子）

case01

在倾斜的主庭中打造的瞭望台和梯田风杂木的庭院

东京都 内野先生的庭院

DATA

庭院面积：70m²
竣工时间：2014 年 3 月
设计・施工：藤仓造风设计公司
（藤仓阳一）

内野先生的庭院建在高台上，远眺的风景令人称美。近处，郁郁葱葱的树木包裹着一幢连着一幢的住宅，还有（东京）都立樱之丘公园。目力所及，是天际的树和新宿副中心。这是一个设计非常巧妙的庭院。

这个梯田风杂木庭院很别致，竹片板桩曲线优美，庭院中的小路和部分栽植空间被设计成了草坪，整体显得明亮又开阔。

右：打造瞭望台的时候不可或缺的，是树木旁的栽植区域。藤仓先生设计了一个向瞭望台延伸的栽植空间。 左：与杂木林最原始的样子结合交错在一起的树干的样子，置身于庭院便能感受到。隔壁的窗户由于有枝叶的遮挡，不用窗帘也不会那么引人注目，让人充分感受到生活的情趣。

充分利用地形打造出能远眺的瞭望台

内野先生的房子建在多摩丘陵的一个斜坡上，斜坡从房门向远处延伸，庭院内侧的主要部分就利用了这个斜坡。

在这个倾斜的庭院中，种植着山樱、桂花树、野茉莉等。但是，内野先生却说：『原先，一到春天，从南部吹来的强风带来了很多沙尘。虽然在庭院中设计了一个草坪，但是在倾斜面上不适合用割草机，人工割草又费力费钱。』

于是，以修建家宅为契机，以『充分开发能远眺的地形，打造出弱化夏天强光的杂木庭院』为目标，把打造完美庭院的希望拜托给了庭院设计师藤仓阳一。

庭院宽13米、纵深5.5米，充分利用斜坡来再设计庭院，是藤仓先生的第一次尝试。

经过短暂的思索，他决定把斜坡改造成一个梯田风的杂木林；把瞭望台也建在斜坡上，将其改造成可以生活的场地，向树林延伸。

瞭望台可以直接出入起居室，放上椅子和桌子的话，大约长5米、宽3.4米，空间非常大。瞭望台使用的是耐候性强的雨林木材，呈45度角向室外伸展，给庭院带来了动态美。为了不影响视野，故意不装栏杆。

用竹片板桩打造出具有高度差的梯田风庭院

在藤仓先生设计的杂木庭院中，人们可以闲庭漫步，也可以从树干和树枝的缝隙中看见家宅。而且在这里，因为散步方向的不同，看到的庭院的样子也会稍有差别。在斜坡上打造的梯田风的高度差中，优美的曲线如波浪一般迂回，呈现出动态的景象。

这个设计方案大家都很满意。经过对细节处理的多次完善后，决定把竹子剖成两半，用来制作波浪形曲线的板桩，并在地上结结实实地打上木桩来固定竹片。填好土之后，梯田的效果就出来了，栽植的空间就有了。在小路两旁的栽植空间里，于向阳处栽上枹栎、雷公鹅耳枥、山樱等树木，于半背阴处栽上枫树、白蜡树。除此之外，还有吊钟花、绣球花、萨摩山梅花、石南花等观花植物。这样的植物组合，既柔和又清新。

在小小的容器里栽培的三色堇等花朵在水面上漂浮着，为这张桌子增添了些许色彩。

置身于翠绿的枝叶中，饮茶、就餐、读书等变成了一种享受。庭院的杂草中点缀着白及、玉簪、飞蓬等植被，在这样一个改造之后的全新空间里，内野先生和家人享受着花园生活。

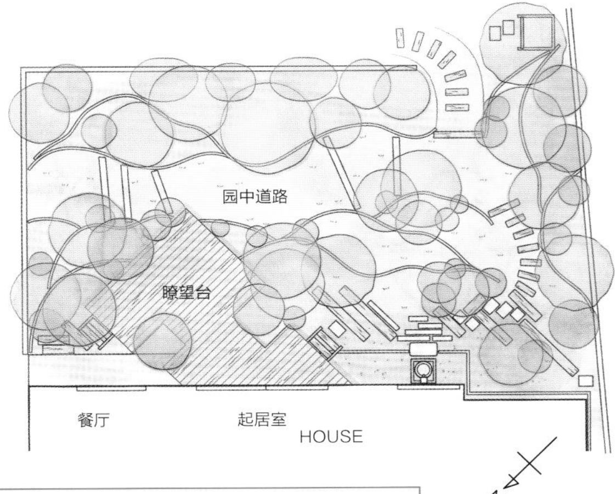

萨摩山梅花的白色花朵渲染出了一种洁净清秀的氛围。

主要植物

乔木：枹栎、雷公鹅耳枥、山樱、枫树、白蜡树
灌木：野茉莉、石南花、萨摩山梅花

case02

利用和风庭院的素材，设计出拥有露台的杂木庭院

东京都 T先生的院子

这个庭院里，参差摆放着的枕木和混凝土板块，高低错落。枕木组成了一个小露台，而混凝土板块经历过岁月的冲刷，独具寂寥感，和枕木的味道恰巧吻合。

DATA

庭院面积：45m²
竣工时间：2012 年10 月
设计 · 施工：诚和造园
（由比诚一郎）

这是庭院入口处近景，黄栌是相对较大的乔木。从鹅卵石到混凝土板块，枕木露台，不断变化，不断向内部延伸，组成了绝妙的组合，让人们有一种深入到庭院内部的感觉，视觉上也有了一定的美感。

枕木露台。枕木原规格为 20cm × 14cm × 200cm，为了不让接缝排列得太整齐呆板，将枕木切分后随机拼在了一起。

水钵长 110cm，高 40cm，非常大。就这么放着的话太过于显眼，所以在泥土上挖 20cm 深的洞，然后再把水钵放入。周围放上生青苔的石头，这样一来画面的平衡感就好了许多，打造出了一个美丽的露台水景。

这次让水钵和枫树当主角吧

原先的时候，T先生的庭院里种着枝干美丽的罗汉松和梅树，旁边放着点景石和石灯笼，和风满满。后来，他想把这个庭院的面积稍稍缩小一些，于是就找到了到现在为止一直管理这个庭院的诚和造园第二代传人由比诚一郎先生，让他来重新改造一下这个庭院。

当时，T先生最希望达到的效果是『尽可能运用这个庭院本有的素材，突出季节感』。

由比先生想要让人们一进到这个庭院就能感受到季节的变迁，于是提出了在这个庭院里设计一个露台的方案。这个露台位于庭院中央，用枕木铺就。然后把原来就有的混凝土板块铺在小路上，连接露台与散水坡，既体现出了匠心，又能让人安心地漫步在露台上。然后，紧挨着露台放上了大大的水钵，栽上了枫树和小叶白蜡树。美丽的红叶和水钵交织在一起，营造出了优美的水景。

用原有的梅树和罗汉松及石灯笼等作为装饰，打造出多样性

由比先生把靠近住宅的庭院改造成拥有露台的杂木庭院，把垂樱作为代表树，把院中留有的让人印象深刻的赏雪石灯笼和点景石，古色古香的罗汉松和梅树规划在露台里侧，打造成天井一样的地方。

因为点景石的个头太大难以运用，所以就把它一分为二，直接放在泥土地上。赏雪石灯笼把滨柃、土麦冬等植物的部分枝干巧妙地遮挡住，柔和了整个画面。

住宅露台和扫除窗、入口、散水坡、混凝土板块小道为一体，让人们能够安全地进出。

这个杂木庭院体现出了一种季节更替感，枕木露台作为一个调和的角色，将其一分为二，后方的部分像天井一样和风满满。

这是罗汉松、赏雪石灯笼、点景石的组合。灯笼的下方被土麦冬巧妙地遮挡起来，增加了整个景色的协调感。

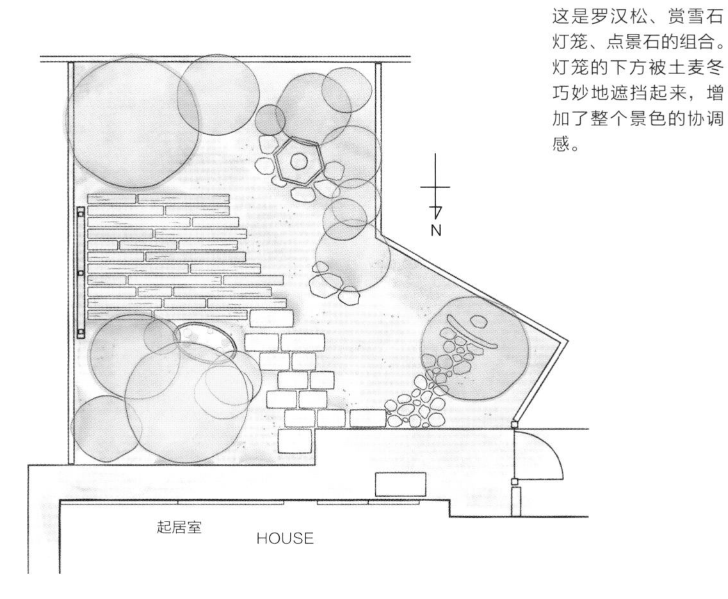

主要植物

乔木：枫树、樱花、垂樱、金桂、罗汉松、青冈等
灌木：垂丝卫矛、滨柃等

树下轻松惬意的露天花园

case 03

为城市生活增添自然风光 打造具有室内花园韵味的庭院

东京都 U先生的院子

DATA

庭院面积：32m²

竣工时间：2013年7月

设计·施工：诚和造园（由比诚一郎）

这是一个拥有5m宽、2.2m高的开口部的起居室。使用同一水平面的地板和晒台，并把它们结合在一起，这样一来屋子和庭院就融成了一体，就如室内花园一般。

由比先生说："能种植植物的区域大约为3mx3m，所以用属于针叶树的花柏树作为背景，选择树干下部没有树枝的树来栽培。"楼梯直接与二楼日式房间旁边的庭院相通。

向铺上木板的晒台延伸的透水石花园小路上，由御影石渐渐向镶嵌有阶梯的石头小路过渡。树下的杂草和沿阶草向玉簪、荚果蕨渐渐过渡，把山中的韵味更淋漓尽致地表现了出来。

黄昏时分，庭院一景。夏日可在露台上纳凉，温度适宜时可打开起居室和餐厅的窗户，尽情享受花园般的景色。

从规划阶段到庭院和住宅一体化的设计

U先生在决定新建住宅的时候，就想建一个拥有杂木庭院的中庭。并以此诉求为中心，让设计师来完成这个住宅的设计。

最后，在连接起居室和餐厅的东南角的地方，设计出了一个宽6.6m，进深4.8m的中庭。起居室里有5m宽的窗户，餐厅也有一个3m宽的窗户，所以人无论在哪个屋子都能够自由地出入。除此之外，出于隐私考虑，在庭院周围修建了围墙。围墙内侧墙壁的花纹设计成和起居室的墙壁一样的纹路，这样一来中庭也有了室内的韵味。

由露台和杂木庭院组合而成的室外起居室

承接庭院设计任务的造园家由比诚一郎先生，考虑到要调和既有的中庭和它的周围景色，打造了一个把起居室和杂木庭院结合为一体的室内花园。

在住宅的规划阶段中，因为加入了露台元素，所以他把设计方案做了些微的修改。在露台的一侧因为嵌入了透水石，所以能和庭院完美地衔接在一起。然后，在庭院的东南侧，用易生青苔的石头围起来，填入泥土，把拥有弯曲树干的枫树当作主要的树木，混植入大柄冬青树、花柏树、白蜡树。在墙边靠近上二楼的台阶旁，把小石块堆积起来铺成一小段路，这些小石块好像是从山上滚落下来的似的。这段路虽然非常狭窄，但是能把酷似山中风景的氛围淋漓尽致地表现出来。

在露台和南边的杂木之间，为了连接两个空间，用黑石头当作地板铺成了一个过渡平台，比露台要低一阶。在平台最南端靠近杂木的地方，设计了一个直线条的沟槽，放入小碎石，以便排水。

左 / 这是由比先生DIY的一个庭院灯，其实就是在既有的屋外灯上加一个灯罩。
右 / 这是从厨房里看到的秋天的庭院一景。

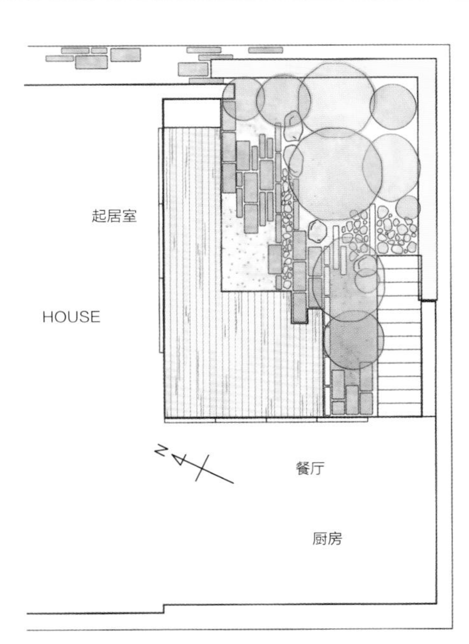

上 / 透过枫树枝叶，温暖的阳光斜斜地照射在屋子内部。从此以后就能在最宜人的季节里懒洋洋地晒太阳了。
中 / 这是二楼日式房间前面的庭院。为了透过拉门看到美丽的庭院，把日式房间的地板设计成与庭院一样的高度。
右 / 这是由透水石和御影石的石块等制成的地板。为了不使尘土飞扬，栽上了许多沿阶草。

主 要 植 物

乔木：枫树、赛波德槭树、花柏树、小叶白蜡树等
灌木：大柄冬青、腺齿越橘、凹叶柃木等

打造一个室外起居室

高田宏臣
图·竹内和惠

Part 1 室外起居室的乐趣

仿佛置身于庭院的幸福感

和室内起居室高度一致，并与其相连接的木露台，是一个最简易的室外起居室。

这上图是一个被打造在庭院中的空间，这其实是一个露台。我们知道，室内有了起居室之后，人们会感觉舒适惬意。同样的道理，如果室外也有一个起居室的话，人们的生活会更加丰富，舒适度自然也会成倍提高。

在窗外的庭院树木的渲染下，室内也柔和盈润起来。如果窗户外的惬意空间和室内空间连在一起的话，不经意地走进庭院往地上一坐，感受清风拂面的温柔，闲观浓淡不一的树影婆娑，细品小鸟啁啾和小虫唧唧。无形之间，人的五感就会因精神的松弛而清灵，慢慢地，人的身心就得到了疗愈。这种美好的体验不是奢侈品，在居家生活中就可以常常亲历，岂不美哉？

要想实现这样的生活，感受到正在演奏四季的协奏曲的大自然的韵律，室外起居室是个绝佳的场所。

在规划庭院的时候，我们一般会先选取一个主要的地方，然后才会围绕着它开始配置其他元素。而露室外起居室作为室外生活的中心，是庭院中最惬意、最美丽、最便利的场所，如果能先把它搞好，庭院生活会更加富有魅力。

（编者注：本节指的室外起居室，主要分两种。一种从房子主体伸出去，与室内一样高，我们称其为露台，见上图；另一种单独建在庭院中，独立于房子主体，我们姑且称其为庭台，见下右图）

左 / 晚秋，庭院的一个露台。这个露台虽小，但非常必要。它能使人感受四季变换，尽情地享受生活。右 / 被树木包围着的石庭台，夏日纳凉好去处。

Part2 设计室外起居室的要点

（写真1）

关于室外起居室的配置和高度

在规划室外起居室区域的时候，有必要考虑其与室内空间相连的层次关系。

关于这一点，用写真1中的情况就能说明。如果要从起居室到庭院的话，从面对庭院的门就可以出入。露台平面无缝连接到室内地板面。

对于和房子连在一起的木露台，首先要考虑实用性和方便性，不要与室内地板面有高度差，以方便人们进出。

从露台走下去，直接到达和庭院地面一样高的石露台。

和室内相同高度的木露台上，放有一把只能坐一人的椅子。和地面一样高的石庭台上，放有椅子和圆桌。

在考虑室外起居室的时候，有3个数值要考虑：一是室内地板面的高度，二是庭院地面的高度，三是前两者之间的高度差。

露台和庭台的高度对庭院生活的影响很大，要根据具体场所的情况仔细确定。（图1）

（图1）露台和庭台的组合

·露台的好处

有了和室内地板高度相近并与住宅相连的木露台，人们就可以在夏天傍晚从房间走出来，坐在椅子上乘凉。即使是在夜里，人们也可以在茶余饭后来这里，一边感受凉爽的微风一边消食。来这里，人们随便穿个拖鞋就能享受这种美好生活。露台作为住宅的一个延伸空间，最大的好处就是让人们能随意舒适地使用。

这是两段高度不同的瓷砖庭台组合。靠近房屋的一段放置了晾衣干和花盆，颇有意趣，延伸至院中的下段庭台则位于树下，作为起居场所。

·庭台的好处

在最近的住宅中，庭台的高度往往要比地面高出四五十厘米，站在庭台上就像站在舞台上一样，多多少少会让人感觉不舒服。当然，因为周围栽培了许多应景的植物，这种不适感会得到些许改善，但是若庭台离地面近一些，人们会感觉舒适惬意许多。以写真1为例，与室内地板面高度一致的露台和房子连在一起，露台与和庭院地面高度一致的庭台接在一起，实用性和功能性都很好。

与地面高度持平的庭台，其优点是，让人产生与庭院相称的一体感。

庭台是连接住宅和庭院的一个中间区域。这个中间领域，既离住宅近，又离庭院的地面近，它对人和整体环境氛围的影响都很大。在设计时，首先要保证它离各个场所近便，方便使用，还要保证能让人心情舒畅惬意；在此基础上，再考虑配置和其高度比较好。

关于庭台周围的植被

要打造一个让人心情舒畅的庭台，如何在必要的场所种植合适的植被是最重要的。无论是建

这是家宅南部的露台。分为左右两个部分，及正对面的部分，三面配有植物。

露台两旁的植物造就了一个让人心情舒畅的环境。这是最大的优点。

（图2）理想的露台植被示意图

造多气派的庭台，周围种植的植物一旦不合适的话，就会让人觉得不舒适，就会渐渐被人冷落直至荒废。

另外，庭台周围的树木可以在夏天形成树荫供人乘凉。这个很重要，尤其在夏季的白天，如果庭台位于向阳处，周围又没有植被的话，就会变成热源，产生的反射热还会使室内温度更高。而有了树荫的遮蔽就会好很多，它会变成绿洲一样的宝地。

庭台周围、离庭台最近的植物，基本上应以落叶树等高树为中心，因为高高的树干不会遮挡视野。在有必要保护隐私的地方，可混植一些常绿树等中树。

配置的要点是，植物群应设计在庭台的东西两侧。这样一来，既不消除庭台的开阔感，又能在树下打造出一个宁静安逸的空间，一整天里无论是左侧还是右侧的树木都能把庭台变成树荫地。

若用树木包围整个庭台的话，难免会让人觉得喘不过来气，所以千万不能消除屋外的开阔感。要想方设法地去配置组合周围的植物，也要保证效果。这一点非常重要。（图2）

关于打造木露台的注意事项和栽植的例子

我们在庭院打造木露台是为了增加住宅的舒适感，所以一定不能破坏庭院里的植被空间。

现在很多人爱在正对着起居室和餐厅的地方设置宽阔的露台，看起来很舒服。但如果植物配置得不合适，这个露台就会让人很难受。

尤其是位于房子旁边的植物，在营造舒适轻松的生活环境方面作用重大。在打造和住宅相连接的露台时，就要充分考虑这些必要的植物。

如上文所述，以门口为参照点，也可以在露台两侧配置植物，然后与露台远端的宽（即跟门平行的那条边）度相适应，设置一个栽植区域。

若庭院很宽阔，可以将房子门口全部都铺上木露台。植物配置依旧是在露台的两侧和远端，保证露台有树荫，而且房子也能被高树荫蔽到。这样，不仅可以在夏日里乘凉，从室内眺望的话，越过高树的枝干还可以看见庭院。庭院里小路幽深、树木繁盛，

（写真2）

在打造木露台的时候，首先应该避开必要的植物空间。图中露台左右两旁就被切了一部分。在这里种植的树木让环境更加安逸幽静。

静寂感就这样营造出来了。

若庭院狭窄，可以剔除一部分露台，为高树腾出位置，见写真2。

如上一页中的写真2，处于狭窄地方的房子，一般都紧临着既吵闹又煞风景的街道和马路，露台的氛围很受影响。这时，合理配置植物来缓和不利影响就显得尤为重要。另外，有很多房子和庭院布局并不是四四方方的，应该因地制宜，合理设计露台的形状。如写真3和写真4，根据房子布局设计了L形的露台，在直角弯里种上树木成了两侧的窗户里的近景，也让狭小的空间看起来丰富不少。

（写真4）

（写真3）

连接并组合一个庭院的庭台空间

庭台所在空间，起到了连接房子和庭院的作用。如果空间允许的话，从室内到室外，可以同时设计上露台和庭台，二者要有阶梯状的高度差，为庭院空间增添一些变化的因素。

写真5中，在起居室外设置了一个木露台，右手边设置了低一些的贴瓷砖的露台，一直延伸到餐厅外边。露台下面，紧挨着石板铺就的庭台，庭台的高度与庭院一致。

这三个不同高度的平台互相连接，组成了室外起居室，它们既相互独立又是一个整体，同时又连通室内起居室。这样一来，室内外的生活完美融在了一起，房子和庭院也显得没有任何违和感。

室外的这三个平台之间因为有植物相隔开来，让人能够拥有对下一个空间的期待感。

从一个平台到另一个平台，在成为分界线的场所中，因为划出了种植植物的区域，每个平台都得到了一定的柔化，舒适感也增添了不少。因为缩减了树木之间本有的空隙，所以整个庭院看起来有一种巧妙的统一感。（写真6）

在把好几个平台连在一起的时候，要注意庭台的高度。庭台除了能营造出一个让人感到安逸的空间之外，也是人们进出家里的通道，将其设置得和庭院地面差不多高，既方便了人们的进出，又能使庭台和庭院给人以一体化的感觉，这部分空间也就得到了充分的利用。（写真7）

紧挨房子的木露台和瓷砖露台，能形成更加能深入庭院的效果，形成被树木环绕着的让人心情愉悦的空间，所以庭院就变成了更加令人亲近的一个地方，生活的乐趣也能因此慢慢增多吧。

（写真5）

（写真6）

（写真7）

水钵和岩石交织而成的小庭院

Ornaments Garden

在现代风木栅栏的内侧，是一个幽静的、长有青苔的庭院。水钵中的涌水反射着从树叶间射入的阳光。阳光仿佛在跳舞一般，为庭院带来了许多生气。（稻山先生的庭院）

水钵和岩石交织而成的小庭院

case01

以乌海石制的水钵为主景的和风满满的庭院

东京都　稻山先生的庭院

以现代风木栅栏为隔断打造宁静的和风满溢的庭院

稻山先生把家中的窗户换成了大窗户，将日式房间的格局改成西式房间，打造出了明亮舒适的起居室和餐厅。但现在站在街道上，家里的一切一览无余，总不能整天紧闭门窗拉上窗帘吧！所以，稻山先生决定重新规划庭院。首先要设置一道能保护隐私的围墙，然后因为比较喜欢在庭院里散步，他就想拥有一个带有内山的庭院。于是稻山先生找到了大宏园的大岛裕先生。

若用栅栏做围墙，不会给人以压迫感，更不会给人留下冰冷的印象。大岛先生选用了看起来柔和无比的木栅栏。庭院中有一棵树龄超过50岁的黑松，枝叶造型独特，还有新种植的枫树，它们的枝叶调皮地钻出栅栏的缝隙，增添了独特的韵味。

右／门厅到院门口之间是狭窄的过道，这里有个立水栓。
左／覆盖地面的苔藓。得益于适度的湿气和树木枝叶间漏下的阳光。

在鸟海山山麓找寻能成为主景的水钵

在起居室面前的庭院大约有 $10m^2$，只有天井那么大。大岛先生给起居室正对着的栅栏的内侧额外配上了竹片，以竹片为背景，将水钵设计成主景，打造出了一个长有青苔的幽静小院。

这个鸟海石水钵，是专门在鸟海山山麓挑选的。那里的鸟海石经历过风化变得圆润无比，容易附生青苔。水钵就放在起居室的推拉门前，周围是用掌叶枫、四照花、檀香梅等打造的小树林。在起伏的地面上，随意铺上几块岩石，岩间的地上长出了许多青苔。

『仅仅加了一堵墙，整个世界就改变了』，稻山先生非常开心与满足。

1. 因为庭院狭小，所以选择了枝干分明的四照花，不影响采光。**2.** 木栅栏是用防腐性很好的木材做的。现代风的基座墙和地面，用的是深浅两种咖啡色的意大利斑岩。**3.** 水钵的直径为 80cm，高 60cm。一大半埋入土中，形成了一幅幽静水景的水墨画。**4.** 在起居室推拉门正对面的栅栏内侧，配上黑色竹片，作为庭院的背景。**5.** 这是从起居室推拉门处看到的景色。

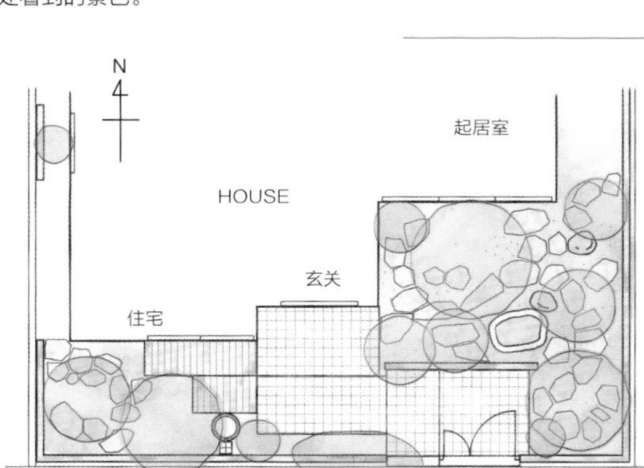

主要植物

乔木：四照花、掌叶枫、西博式槭、山毛榉等

灌木：檀香梅、三叶杜鹃、忍冬树等

DATA

庭院面积：$10m^2$

竣工时间：2013 年10 月

设计·施工：大宏园（大岛裕）

case02

在现代风的混凝土住宅的中庭打造充满溪谷韵味的水景

东京都　监物先生的庭院

DATA

庭院面积： $14m^2$

竣工时间： 2013 年 5 月

设计·施工： 藤仓造园设计事务所（藤仓阳一）

在庭院的前面种植的日本槭、大柄冬青、冬青树的树干成为近景，庭院看起来更加幽深，同时也体现出了溪谷的韵味。

用收藏的石头打造庭院

监物先生把家里的中庭改造成了『阳光庭院』，住宅的安全性也做了强化。

他原来收藏有一个石灶，其实是4块边长50cm的石头，呈田字形拼在一起，中心部位挖出圆柱形的出火口。后来放入中庭，种植上枫树，在周围放上白色的石子，自己打造出了一个石头庭院。

『周围的人都夸我改得好，但我还是不满意。』监物先生说道。

他已经把郁郁葱葱的树木的元素和庭院巧妙地糅合在了一起，并让它们绽放光彩。但是还不够，他想把收集的水钵和石灶作为素材运用于庭院，进一步改造，让庭院展示出别样的韵味。因此监物先生找到了造园家藤仓阳一先生，进行了深入交流。

把水钵放到低处打造充满变化的庭院

庭中庭宽3m、进深4.7m，被玻璃窗和厚厚的混凝土墙壁包围着。

『庭院非常狭小，如果再用小小的素材打造的话就完了。』藤仓先生这样说道。

他把石灶的四部分分别放在庭院的四角处，把水钵设置在靠近庭院右边的地方，在水钵的周围填

上右 / 水钵边长 60cm。因为在小小的庭院中太显眼，所以把它设计成最低处的盛水盘，营造出宁静幽美的水景。仿佛从森林中流出般的清水，经过竹管和沉木滴入盛水盘，发出轻柔的滴答声。 上左 / 这是监物先生在山梨县寻到的水钵。他没有再加工，找到时就是这个样子。

了土壤，然后用大大的秩父石把水钵围在中间。

水钵在最低处，像个天然的承水盘，整体有了溪谷的效果。在石头组合的后边，种植着大柄冬青、野茉莉、忍冬等树木，好像溪谷旁自然长出的小树林。静谧安逸的效果一下子就出来了。

在其他的地方填满了泥土，铺上石头，和房子的走廊一样高，走起来很稳当。树下杂草五颜六色，呈现出了别有的柔美情趣，和粗犷的石头组合形成了鲜明对比。

富于变化的庭院即使非常小，但是还是能让人近距离地感受到大自然的气息。让人百看不厌。

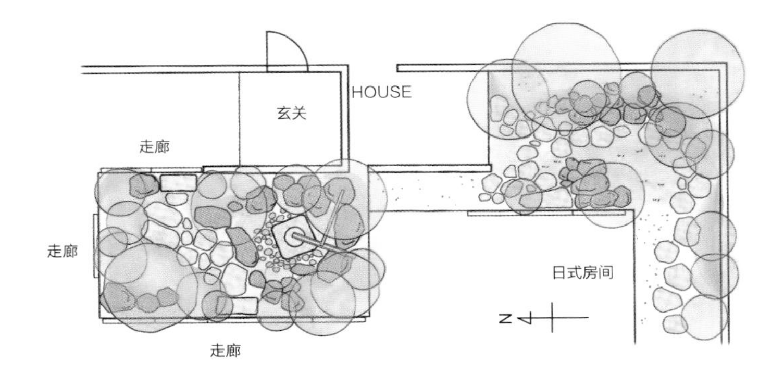

右 / 这是从 2 楼的窗户里俯视到的庭院。中 / 这是在 2 楼的起居室。大大的枝叶为窗户增添了许多色彩。左 / 这是现代化的玄关的周围。一旦踏入玄关，柔和的绿色立马迎面拂来。

主要植物

乔木：枹栎、大柄冬青、野茉莉、假山茶、日本槭等
灌木：山桂花、腺齿越橘、柃木、具柄冬青、桃叶珊瑚树等

水钵和岩石交织而成的小庭院

case03

用被建筑物包围着的边长4m的四方之地和1m宽的小路打造出真正的茶庭

东京都 三鹰学园的庭院

茶庭"因为是一个富于情趣的地方，所以要用心去打造"，打造出一条把这种闲寂的心情具象化的庭院小路，以便引导人们前去洗手钵。

1

2

克服环境的狭小充分拓展思路

东京的三鹰学园位于三鹰车站前，传承并教授茶道、香道、日本舞蹈等日本很美的传统文化。这次从京都运来了木材，新开了一间连装饰的细节都反复雕琢的小小的茶室。在充分交流之后，他们把打造茶室的任务拜托给了史政园的平井孝幸先生。

这里的建筑物比较密集，能作为庭院的地方很有限：茶室前边长4.3m的四方区域，以及去茶室的宽1.1m、长5.5m的小路。

平井先生曾自学茶道，颇有心得，并没有被这个问题所困扰。他实事求是，大胆设计，打造出了拥有甬道和内外两个露地的真正的茶庭。

用篱笆栅栏分隔内外露地，设计出走廊中的等候地

平井先生用篱笆栅栏将四方地围了起来，挡住了四周的建筑物，也成了茶庭的背景，然后在茶道教室前庭设置了露地门。从这个门出来的道路上，从踏脚石开始，渐渐过渡到在京都町屋（日本传统城市建筑，前店后家，中间有庭院。编者注）经常用到的是用细长的榻榻米石（原文为畳石。编者注）铺成的小路。再往里走一走就能看到用葛石和真黑石铺成的石段，渐渐过渡到筑波圆木石制成的铺路石。这个地方和外露地，由细密的篱笆

右/真黑石洗手钵。其左边是夜里放灯用的手烛石，右边是冬天放热水用的汤桶石。中/禁止前行的守关石。左/中门。

栅栏分隔开来，成了走廊中的等候地。休息区域的走廊前面，铺着贵人石和连客石。

把内露地和外露地分隔开的，是第四道篱笆栅栏的中门。如果把只用石头铺就的外露地当成山中小路的话，内露地就是一个存在于树林中被青苔包围着的闲寂世界。平井先生在树林中放置了延段石，在低处放置了有名的真黑石制成的洗手钵，此外还加入了素朴的石灯笼。

1 这是加入了千利休设计的角户元素的露地门。在前院中生长的土马鬃到了小门附近就变成了地苔。

2 这是走廊中的休息场所。为了挡雨，就加了一个顶棚。

3 内露地。从中门出发经过延段石到洗手钵处洗手，随后经过踏脚石走向茶室。

4 这是茶室的膝行口和踏脚石一景。

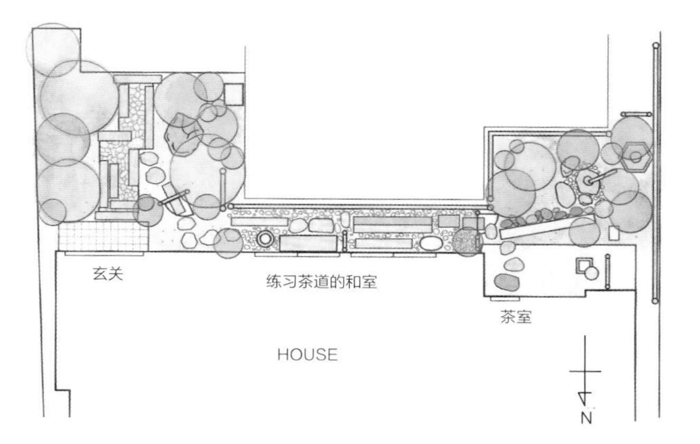

DATA

庭院面积：25 ㎡

竣工时间：2014 年 3 月

设计·施工：石政园（平井孝幸）

主要植物

乔木：枫树、花柏树、红松树、雷公鹅等

灌木：柃木等

葛石和真黑石做成的延段。

流水营造出的幽深寂静之庭

Stream Garden

在庭院内部垫高 2 米左右设置瀑布口，并使溪流沟槽低于地面 60 厘米左右。在缓缓的起伏中设计出静静流动的溪水。由于在起居室附近种植着树围超过 50 厘米的枫树、百日红以及柿树，庭院显得更加幽深寂静。（铃木家的庭院）

case01

将能练高尔夫球的庭院改建为有流水和散步石径的庭院

东京都 铃木先生家的庭院

将原本是草坪的庭院中央部分修建为铺石路。一字形的水钵与斜斜铺满石头的路面，营造出独特的美丽景观。

DATA

庭院面积：$280m^2$

竣工时间：一期工程 1988 年 6 月

二期工程 1998 年 7 月

设计 · 施工：石正園(平井孝幸)

在餐厅前面的背阴处种上枫树，并修剪出柔和的树形。随着微风摇摆的姿态映入眼帘，令人觉得心情舒畅。在其下方的溪流宽度变成近 2 米，无声无息地静静流淌。

采用带有特殊情感的根府川石

房主曾被疏散到神奈川县真鹤的亲戚家居住过，那边出产的根府川石是他从儿时便开始熟知并深深怀念的石头。在当初建造住宅时，他就使用了根府川石。

然后，在26年前的某一天，他决定将庭院改建为有溪水和杂木的庭院。于是，就把这个任务委托给了造园师平井孝幸，前提是必须使用根府川石。

院里的根府川石很多，平井先生决定将一部分用于设置瀑布口，另一部分搭配着丹波石修饰溪流两岸，设计出了水深极浅、水流缓慢的极具个性的溪流。当初，喜欢高尔夫球的户主为了方便练球，在庭院的中央设置有草坪。

将草坪改建为一字形水钵为主的铺石路

改建工程是以增设餐厅为契机开始的。

决定将餐厅窗户正面看到的草坪，改建为以一字形水钵为主位的铺石路。

将加工成能涌水的一字形水钵水平放置，以水钵为参照，将如传统信纸般大小的渗水石呈40度角斜着放置。其与无棱角、能酝酿出柔和氛围的惠那石组合，在增加庭院动感的同时，也创造出了极为舒缓的效果。

从起居室出来进入庭院，先通过溪水中的踏脚石，然后走上铺石路面，到达小水池旁的台阶处。这样一来，庭院的沿途能够欣赏到不同的景色，很适合漫步，现在的庭院前所未有地令人喜欢。

左 / 长 2 米、宽 40 厘米的漂亮的一字形水钵。从水钵溢出的水积在周围，与溪流的水汇流。据说经常看到小鸟来戏水。下 / 用作铺路石的透水石与惠那石。透水石容易长出苔藓，而惠那石的棱角微圆，因此能够感受到石头的厚重感。

1 从放倒的根府川石上滑落的颇具特色的急流。如小瀑布般的水声惬意地在庭院回响。这些水部分为雨水，并且可循环。
2 装点庭院四周的枹栎与多花梾木的树荫下的细流。水深 1 厘米。反映出河床的凹凸不平的水纹非常美。
3 横切溪面的踏脚石。为了防滑，在石头上做了些处理。
4 从起居室的宽 3.4m、高 2.3m 的窗户处，就像欣赏匾画一样，可以欣赏到随着四季变化的庭院。

池子
停车场
餐厅
起居室
玄关
N

主要植物

乔木：枫树、狭叶四照花、红松、小叶梣、吉野杉、百日红、枹栎等
灌木：具柄冬青、山月桂等

上 / 飞入庭院的苍鹭（铃木先生摄影）。下 / 庭院的雪景（铃木先生摄影）

流水营造出的幽深寂静之庭

case02

在都市住宅区建造的开放式杂木庭院

东京都 船桥先生的庭院

DATA

庭院面积：75m^2
竣工时间：2006 年 9 月
设计·施工：石正园（平井孝幸）

呈开放式建造的杂木庭院。平井先生："希望东京的庭院能如此让路过的行人也能欣赏到。"

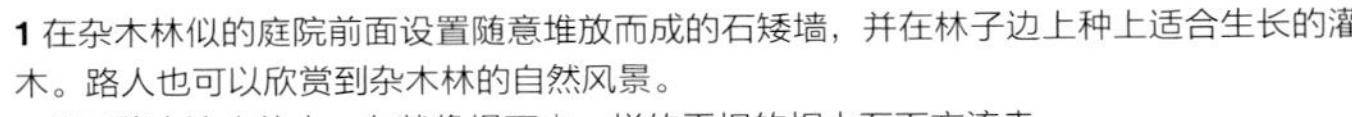

1 在杂木林似的庭院前面设置随意堆放而成的石矮墙，并在林子边上种上适合生长的灌木。路人也可以欣赏到杂木林的自然风景。
2 从石缝中渗出的水，在就像塌下来一样的平坦的相木石下方流走。
3 石桥与涌水的水钵。为使石铺的通道在下雨天也不湿滑，对石头表面进行了处理。

用栅栏围起庭院 建造绿意盎然的溪水

有一次，造园家平井孝幸在建造的庭院里举办聚会，船桥先生受邀参加，二人就此结缘。然后，船桥先生便委托他在停车场旁建造杂木庭院。

庭院的面积为75m²，是位于都市住宅街的开放式前庭。

平井先生考虑到周围的景观，用木栅栏将庭院与邻居家分隔开，并在临街的庭院也设置了部分木栅栏，在此基础上建造了以水为主题的蜿蜒流淌的溪水庭院。在园中小路旁点缀了可涌水的水钵来突出重点，通往玄关处则设计了包括石桥在内的铺石小路。

从起居室可欣赏到树丛 也可将其当作围墙

在庭院周围栅栏的外侧，将秩父石随意地堆积起来，并且种上黄素馨、萨摩山梅花、旌节花等灌木。不仅能将杂木林外侧的风景包含进来，同时也承担着作为自然风景但阻止外人进入的作用。

然后，在内侧可以从起居室欣赏到自然景观。为保护家里的隐私，使用枹栎、山樱、假山茶、小叶梣、吉野山等设计出没有杂草的干净利落的近山树丛。

停车处，地面用河沙和小圆石子铺就，上面专门设了一个斜拉屋顶。在庭院与停车场之间，设置接有内线电话的邮筒，制造门的印象，也有阻人进入的作用。

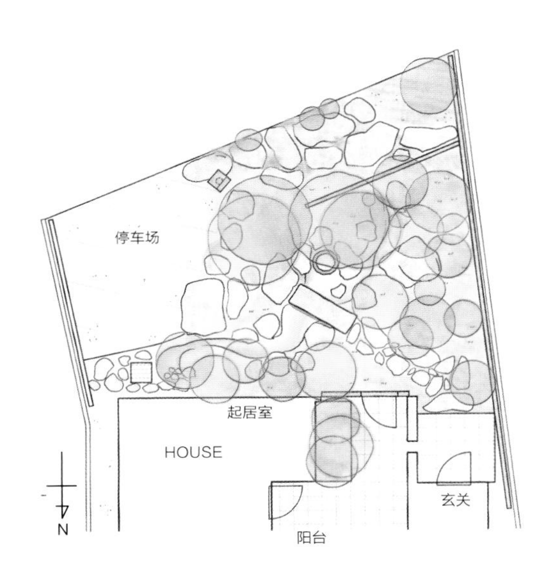

主要植物

乔木：枹栎、小叶梣、掌叶枫、假山茶、红松、山樱、吉野杉等
灌木：深山荚蒾、山桂花、黄心树、具柄冬青、檀香梅等

从房子的大阳台看到的风景。交错的枝干与楚楚动人的枝叶迎面而来，可见为了欣赏自然景观，在植物种植上下足了功夫。据说在这里举办的聚会上，水钵可以用作冰酒器。

case03

借景于河川，设有池子、溪流和草原的庭院

埼玉县　高乔先生的庭院

在出生的故乡放飞遐想

在北海道长大的高桥先生，以将自家住宅修建为牧歌式西洋风格为契机，将庭院的设计改建工作委托给了早就相识相知的造园家大岛裕先生。

在事先考察的时候，大岛先生着眼的是在庭院里一览无余的大落古利根川的风景。缓缓流动的河流与绿草茂密的河沿，树林丛生的堤坝等在眼前铺展开来。

大岛先生提出了借景于河川美景来设计出明亮开放的草原印象庭院的计划。将正面的松树移植开，以使广阔的风景进入庭院。在地面上修整出缓缓起伏的小坡，并种上草坪来建造出绿色的草原。然后，在前面修建具有生命力的池子。将池子的水面设计为与草坪同高，然后用小石头装饰岸边，形成蓄满水的平静景色。

与河川成为一体的庭院与广阔的天空相连，形成壮阔之景，赏心悦目。

DATA
庭院面积：230m²
竣工时间：2014年6月
设计·施工：大宏园（大岛裕）

原本是树木环绕的草坪庭院，大岛先生将影响景色的树进行了移植。采用借景于河川，建造成了广阔的舒畅的庭院。在门廊前种植的狭叶四照花、桂花、榛树可以防止西晒。

上 / 源头的水，在树下曲折流过。
左 / 在源头放的石头，是大岛先生亲自到产地挑选的。水就是从三块石头围成的低洼处涌出的。

上右 / 溪流的上游处，将粗犷的石头堆积成自然滚落的效果。上中 / 中游处，被拦住的水积蓄起来，非常清澈，展现出平和的效果。上左 / 下游处，石块变得越来越小，水流也变得越来越缓慢。鸟海山麓出产的鸟海石因风化而棱角脱落，且容易生长苔藓，大岛先生很喜爱。

在苍郁茂密的树下建造深山溪流

在高桥先生的玄关前，生长着树龄超过40年的大树，其茂盛枝叶形成了清爽的树荫。

大岛先生在这样的树下设计了注入池子的溪流。如果房子前是明亮的草原的话，那么玄关前便是深山溪流。为了增加浓郁的深山氛围，追加种植了枫树，并使用了总计40吨的鸟海石来打造溪流。

从巨大的岩石低洼处涌上的水，滑下岩石，形成急流或深积水，然后从岩石的缝隙处往下流淌。

整条溪流，模仿的是自然景致。上游的石头大、水流急，越往下走，石头越小、水流越缓。配置的植物也从熊笹草变成了麦冬草，与池子周围的草坪很搭调。

玄关前茂密的山景。枝叶之间隐约可见的几块大石头是水源处。水用的是井水。

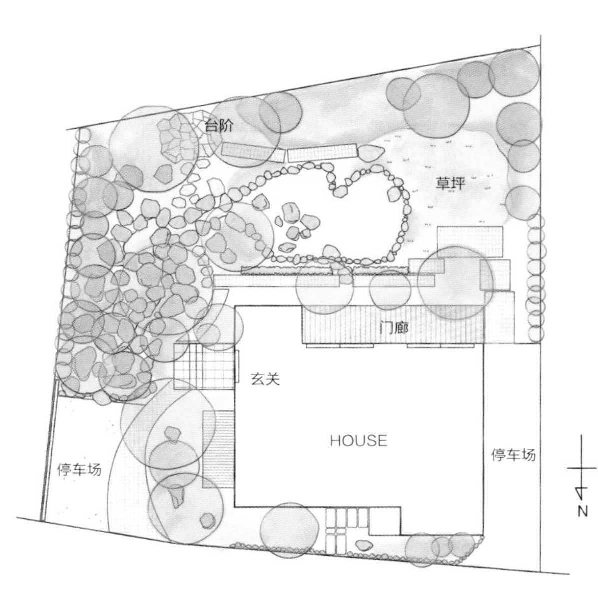

左 / 池子里的莲花和锦鲤。
下 / 山景与草原之间的景色。溪水边的石头变小了，平坦分散在熊笹草的原野上。与草原的平静景色相连。

主要植物

乔木：枫叶、狭叶四照花、山毛榉、红松、多花梾木等
灌木：长柄双花木、腺齿越橘、垂丝卫矛、雪球荚蒾、东北珍珠海等

杂木庭院的培育和管理

Part 1 为什么要维护管理树木

高田宏臣 图 竹内和惠

打造更好的庭院环境状态

写真1和写真2展示的是同一座庭院。写真2中的庭院是种植植物后第九年初夏，刚刚进行过维护管理的庭院的样子。

理想的庭院，应有必要的树荫，同时要有适量的光线和风从树荫中透过来，形成一个树木健康生长、适宜居住的舒适环境。

同时，有些枝叶会偷偷伸到邻居家，有些会长得碰到电线，都要及时清理，以使枝叶保持柔美的自然状态。

刚刚种下的树，还很细瘦，树荫也很少，还无法充分发挥它改善居住环境的作用。正是这些

为何要在街道上、庭院里种植树木？『为了使我们每天生活的环境更加美好、更有安定感』，大概是最为贴切的答案。

尤其是最近，『为了使居住环境在自然力量的作用下，拥有令人舒适的微小气候变化』，成了许多人对庭院的诉求。

但是，树木是有生命的，它每天都在生长变化着，还要与其他树木竞争生长空间，也可能得病虫害。在庭院有限的空间里，要想和树木和谐相处，就必须及时对它们进行维护管理。

（写真1）施工后2个月的庭院。

（写真2）施工后第九年，着手经营之后的庭院。

树，在9年后的如今，已经成为改善环境无可替代的工具。而且这个庭院在今后的一二十年里也完全可以继续保持这样舒适的环境。

如果对树木维护管理到位，两三年后庭院就可以达到相对理想的状态。

写真3和写真4中是同一个庭院。写真3是刚刚完成植栽那年的样子，写真4是2年半后庭院的景象。

由于树木已经有了自身的生命力，无须过多照料，它们就可以在丰富的庭院环境中渐渐生长。

培育管理和维持管理的区别

为了能长久享受舒适的庭院环境，选择那些寿命长的树木是最重要的。同时，如果种植后管理方式不恰当，生命力顽强的杂木也可能畸变，瞬间失去令人心旷神怡的状态。

如果只是一心想维持庭院的原状，一直坚持『出现大的变化才去修剪定形』这样偷懒的方式，不仅庭院环境无法变得更好，还会把树木弄得很不自然，会危害树木的健康，这样就无法发挥树木的积极作用。

庭院、草地的管理，一直以来都存在着两种方式：维持管理和培育管理。

所谓维持管理，就是为了将植物维持在一个固定的状态下进行管理的方法。培育管理就是在除去那些变成电线、建筑物障碍的枝叶，保持树木健康生长的同时，根据具体场所的性质而对植物进行培养。

为了创造宜居环境，在有限的空间内使树木的作用能够得到长久发挥，在培育树木的同时对它们进行一定的控制，无论从哪一个方面来说，都是十分重要的。

但是不幸的是，对迄今为止的日本庭院来说，日本人的管理常识中以保持原状为目的的维持管理一直是植物管理的基础。

在日本历史上，有禅院的枯山水、盆栽等通过扩大缩小景观等来表现自然的手法，也有在丰富自然环境中培养出的日本人的

（写真3）

刚完工的杂木庭院。初具雏形。将来会变得更加自然，绿意更浓，形态更美，充盈庭院空间。目前的模样还不是理想的庭院。

用岩石和绿色表现深山幽谷的禅院枯山水景象。表现连绵山峦的杜鹃花被修剪成刚刚建成庭院时的样子，以保持原来的形状为管理的目的。（神奈川县镰仓市明月院的枯山水）

精神和传统文化。

不论如何，这在世界范围内都是值得骄傲的文化。但是另一方面，人们被这样特殊的庭院文化所束缚，日日夜夜为了打造美丽丰富的街道而进行各种各样的修整，这种被遗漏的视点也是我们可以感觉到的。

就是说，在日本或许正存在许多错误的、对作为环境的庭院和街道树木进行无意义的修剪，使其失去原有的作用的现象。

（写真5）东京都区内的某住宅，像避暑胜地轻井泽一样被生机勃勃的树木包围着，使人心情舒畅。

对于街道上的绿色，只有怀着强烈的热爱意识，才能培育出使人舒适的街道

应当怎样管理树木？首先，重新考虑居住环境中绿色的存在方式大概是十分必要的。

写真5是东京都丰岛区的住宅街。直到今天，那一带都生长着茂盛的植物，仿佛那片区域并不属于市区一样，给人们的印象是只要走近一步就会看到一片森林中点缀着几户人家。

这片原本是纪州德川家的屋邸和庭院的土地，在战争之后被供应给外交官等在日外国人居住。而且至今这条街上也住着许多在日的外国人家族。

各户人家的住宅里伸出的树木遮盖了街道，并覆盖了邻居家屋顶的天空，整条街即使在盛夏也令人心旷神怡。

可以说大片的树木打造了这条舒适美丽的街道，这条街上的居民理所当然地接受了彼此家中树荫的覆盖。正是因为他们懂得这些树木的价值，才创造出这样美丽的街道。

绝对不存在管理树木需要花费金钱的问题。很多日本人如今正在忘记，种植树木必然会对改善街道环境产生效果。在已经逐渐发生热岛效应的都市中，创造一片如另一个世界一样可以实现舒适安心的居住环境有多么重要。

这条街道，使我们对于街道绿色的常识性思维有了新的认识。

被人们所喜爱的绿色的存在方式和修整方式是怎样的？为了达到街道居住环境的美丽和富足，或许我们必须从这些方面开始重新思考。

栽种是一时的事情，管理是一辈子的事情，这就是所谓的庭院。但是使植物健康生长，适应自然，无须过多人工干预才是我们的目标。当然，这是需要技术的。

有着大片树荫的大樱花树。每到春天，居民们都会聚集此处赏花。正是因为这些树木的存在，人与人之间才有了这样的交往。

街上的树木营造的舒适氛围，是没有公私区别的。自己家的树木也可和邻居共享，邻居家的树木也为自己的家提供树荫。

Part2

营造健康舒适庭院的植物栽培技巧

栽种植物后的杂木庭院。高树有枹栎、鹅耳枥，下面是由伊吕波枫、金缕梅、野茉莉、锥栗、小叶青冈等树木（红圈内）搭配组成。

以森林中的乔木为主，在其下种植亚乔木和中树

在都市的严酷环境下，要想让树木保持自然健康的状态，绝对不能只种一棵，而应当采用极具效果的上下空间阶段性融合种植的方式。

在需要使用高树的场所，在最上方应配置枹栎和榛树等适应水土气候的森林高树树种，在其下面配置枫树或大柄冬青、四照花等，将原本森林中亚乔木以下的树种沿着森林的层次进行组合配置。

这些亚乔木以下的树木，被突然移植到都市向阳处，如果只单独种植一棵，会因为日照和干燥而受损，失去原本的活力。特别是多生长于寒冷地域的小叶梣、赤杨叶、腺齿越橘、桂树等。配置其他的树种时，也要注意其适宜的气候带及光照、反射光线、湿度等。

（写真7）

（写真6）

关于这些树木的性质，列举几个例子来介绍一下。

写真6中，是5年前在向阳的草地广场上种植的一棵小叶梣。梅雨过后，阳光连续猛烈地照射了数日，叶子开始卷曲，出现烧焦的迹象，见写真7。这是由于接受了突然到来的盛夏日光，树干上的水分被夺走了，叶子也无法再进行蒸腾作用。

这种情况导致树木的体力大量消耗，长势衰退。而且，枝干的干燥和衰弱会导致树液的流动滞缓，失去抵抗天牛和蛀木虫等

（写真8）

穿孔性害虫的能力。

可造成树木枯萎的因素很多。接下来的写真8中，是同一个庭院中种植的桂树。和小叶梣一样，被种植在草地广场上5年后的8月，梅雨结束的数日后，绿叶在观察的过程中逐渐变黄，一周过后基本开始落叶。这也是和小叶梣一样的原因，是水分无法到达叶子导致的结果。

破坏树木健康的因素中，树干的干燥非常重要。当然，如果土壤等种植条件良好，树木有生长活力，在这种严酷的环境里也会努力伸展枝叶，对抗日光和光照反射保护树干。如果没有这种力量，树木好不容易生长出的枝叶被强行修剪掉，就会立即生长衰退。

小叶梣和桂树本来都是在寒冷气候森林中才能健康生长的树种，因此如果移植到温暖地域栽培，一定要注意夏季阳光直射和反射，帮助植物抵抗干燥的危害。

写真9中是庭院在栽种植物6年后秋天的样子。小小的庭院里种植着10株以上的枹栎，树荫浓郁，并保护着下层的树木。拥有健康红叶的日本槭和除此以外的白蜡树、腺齿越橘等都是原生于寒冷气候区域的落叶中树，在这里也可以健康状态生长。

树荫使庭院像在森林里一样凉爽，调节着庭院中适宜的光照和通风，使得中树树种也可以得到很好的保护。

（写真9）

营造植物群树木之间的共生关系

即使是对严酷环境有很强改善功能的枹栎，如果只栽种一株也是不够的，必须与其他的乔木、亚乔木、小乔木等组合种植才能充分发挥作用。写真10是在坚固的黏土土壤环境中种植一棵枹栎，5年后夏天时的样子。

因为土壤条件恶劣，树冠的枝叶无法延伸形成树荫，从树干中间部分长出密集的细小叶子。这些细小的枝叶被称为枝干吐芽，因为树干中的水分和树液流动停滞，所以陆续产生此现象。枝干吐芽是为了防止枝干过于干燥而产生的，处理时非常棘手，一旦全都去除，树干就容易因干燥而受损，最终走向衰弱。

写真9中的庭院里，没有只种植一株乔木，而是有层次地种植数株植物，在这样的庭院里不会发生树干干燥的情况，不会产生枝干吐芽的现象，亦不会产生树荫下枝叶凌乱生长的情况。乔木下是清爽通风的环境，无论怎样看来，都是广阔的适合森林健康生长的空间。

种植以枹栎为中心的乔木群落单位，由各种各样树干组成的树荫营造出健康凉爽适宜的庭院空间。

（写真10）在恶劣土地条件下，单独种植一株枹栎树。树干的干燥破坏了树木的健康，枝干吐芽的情况大量出现。

种植以枹栎为中心的乔木群落单位，由各种各样树干组成的树荫营造出健康凉爽适宜的庭院空间。

由种植群落单位而产生的隐性效果

像这样将植物以群落单位的形式集中起来，树和树之间形成互相保护又竞争的状态，可以达到各种各样的积极效果。

树木的根，依据树种的不同而具有不同的性质，有强力扎根深入地下的树种，有在土壤浅层横向伸展的浅根性树种，也有介于这两者之间的各种各样的树种。

深根性树种有枹栎、麻栎、小叶青冈、栲树等，依种类而有所区别。而且这些树种的根在移植后的生长速度有快有慢，有像枹栎一样恢复很快的树种，也有像四照花一样一旦切断粗壮的根就恢复很慢的树种。

将树木以群落的形式混合种植，使它们的根连接在一起，这样在种植时无须支柱也可以制造出台风也无法吹倒的强大的植物群落，见图1。

将各种各样的树种以组合的形式种植成植物群时，由于根的枯萎再生，土壤中有机物的含量也会很高，这对土壤中微生物和细菌等分解者的增加和促进土壤的活性化都有很大作用。而且，树木的根部也会起到荫蔽的作用，使植物远离温度上升和干燥的困扰，保护地表土壤生物活动的活跃。

组合种植群落单位的益处不仅在于保持适宜的通风光照条件，还在于对提升土壤这一树木健康生长基础条件的改善速度上具有很好的效果。

尽量不用支柱

在栽种植物时设置防止它们倾倒的支柱，会导致根的生长变得迟缓，土壤条件也会变差。

因此，一定要记得种植即使没有支柱也可以健康生长的植物，这对于培育健康的庭院十分重要。

因风吹而导致树木摇晃，使得根也随着摇晃，在土壤中像水泵一样为植物生长提供空气。而且，细小的根在此时被扯碎分解，成为土壤中的生物营养成分。因此随着土壤中根向周边深入，也对土壤环境做出了有益的改善。

以植物群的形式密集种植的意义也恰在于此。

（图1）混合种植时根的状态

树木群落单位在种植数年后根部的分布情况。各种各样的根都对土壤进行了全面改善。

台风季节前的6月，种植之后。没有设置支柱。由于树木集中种植，根部很快缠绕在一起，完全不会出现倒伏的现象。

不给树木带来任何负担，以乔木为中心的保养方式

在作为居住空间的自然环境中，人和树木，或者说与多种类的树木在有限的空间内共存，进行保养工作是十分必要的。

减枝、拔除等树木的保养方式，是为了人们方便而进行的营造空间的有效方法，但从树的角度来讲并非合理。对于为了健康生长而不断竞争的树木来说，被强制性地砍断枝叶并不是一件有利的事情。

为了维持健康美丽的庭院，不仅要学会保养手段，还要记得学会不能抑制树木的自然生长，不做造成树木负担的减枝行为，这是十分必要的。

据此，在进行保养时，并不需要每年都为庭院中所有的树木进行修缮，而是根据庭院的状态，对于枝叶稀疏的树木、需要压制高度的树木、完全不需要摆弄的树木、需要拔除一部分的树木、什么都不需要修改的树木等根据庭院的状态随机应变，这样的保养方式至关重要。

写真11是保养之前的庭院。高树的长势太强，庭院中难以照射进光线，十分阴暗。

枝叶将通风处堵塞住，使气氛沉重，空间上产生压迫感。这样设置的话高树的枝叶会渐渐将上空全部覆盖住，阳光无法照射树林的地面，下部的其他树木会渐渐走向衰弱。

使用高树树种的杂木庭院中，必须留出高树间的空隙使阳光透进来，必要的时候需要对树的高度进行抑制。

除了作为主树的落叶乔木外，常绿树种也可能遮住通风空间，应该使其枝叶能十分轻松地透出空间。

此外，亚乔木、中低木枝叶也会伸长，但是由于树荫抑制，枝叶不会过于繁茂，因此不会过多被修剪。因为会形成一定的空

（写真11）修整之前，光线和风穿过的缝隙全部被遮住，导致庭院阴暗。

从树丛间漏下的阳光照在灌木和小草上，因庭院修整而制造出了风和气清的美好空间。

间压迫感，必要时也会被拔除一部分枝叶，但一般只是仅此而已。

如果有走向衰弱的树木，我们不需要对树木本身进行修整，而是通过修整周围的树努力让衰弱的树恢复健康。也就是说，如果光照不够，就在需要的范围内将上面的高树稍稍修整，使光线透进来；如果是干燥或日光和反射阳光等原因导致的衰弱，就让周围树木的枝叶变得茂盛以保护它。

而且，这样的庭院中，渐渐也会有树木在竞争中被淘汰，这时为了空出足够的空间，应及时拔除。

不论如何，即使要去除大片的高树枝叶，也要综合考量植物和庭院环境，然后做出最优化的修剪。

关于修整的时间和次数

为了不给树木增添过多负担，修整树木的时间选择也是十分重要的。

春季进行的修整可以有效抑制树木生长速度。但是修剪后的树木，如果在炎热夏季到来之前不能恢复到一定程度，就很容易因干燥而导致损伤。树木的枝干受到阳光照射变得干燥，会失去对病虫害的抵抗力，特别是盛夏和梅雨结束之前的修整，还是应当适当控制。

同时，最好避开新芽逐日生长冒出新绿的时期。

秋天到冬天，日光照射减弱，是比较适合高树减枝的时期。

总之，修整的时期是枝叶茂盛的5月下旬到6月，以及树木的活动进入休眠期的晚秋到冬季，把这两个时期计划为修整中心时期是非常理想的。

当然，修整自身并不是我们的目的，使树木健康、庭院环境长久维持优良状态才是我们的目的。所以，并不是每年都必须修整2次，有时一整年都不需要进行修整。

一个好的杂木庭院不需要在修整上多下功夫

在高中低植栽层次完备的庭院，浓郁的树荫会抑制地上杂草的生长。即使是在向阳地方旺盛生长的杂草，也会在两三年后自然消失。

而且，高树下半阴半阳的环境里，中木会保持柔美的形状，十分轻松地生长出自然形态的枝叶，不需要过多修整。

虽然需要及时抑制高树的生长，但是即使到了大型的枝叶每年需要交替除去的地步，修整也不会花费过多的时间。而且，树荫下很凉快，即使在夏天也不会辛苦得汗流浃背，这也正是杂木庭院的魅力所在。

各种各样的树木都有与生俱来的习性，不违背自然法则的庭院管理方式，就是健康的管理，不能过多干预植物的生长。

如今的庭院，如果在修整上下了过多功夫，就会使人产生哪里有些不自然的感觉。

在和树木的对话的过程中，体会和自然环境融为一体的感觉，依次问询庭院里的树木是否真的需要进行修整，这或许就是培育一个完美庭院的第一步。

刚刚竣工的杂木庭院。随着树木的自然成长和适当的修整，健康舒适的自然空间指日可待。

枹栎的树形

适合杂木庭院的树木

高田宏臣

写真·艺术摄影策划　铃木善实

这里所列的树木，除了杂木庭院外，也适合配置在其他地方。对于杂木庭院来说，应根据庭院的实际情况和想要达成的效果来挑选树木。原则上来说，只要符合需要，什么类型的树木都可以。如果条件不允许选择高树，在不破坏周边环境的条件下，以矮树为中心，选取各种各样的花树或者园艺植物，也可以使庭院实现更富有趣味明亮的效果。

枹栎的新叶

枹栎 落叶型乔木

分布：分布于从北海道到九州，主要生长在暖温带。
自然状态的树木高度：10 ~ 15 m　**庭院中的基本高度：**5 ~ 12 m。高树

暖温带杂木林的代表树种。杂木庭院中代表性的高树构成树种。易于种植，被称为对于庭院的微气候改善效果最好的树木。在杂木庭院中作为主要的高树用来遮挡阳光照射，可以衍生出良好的生态体系，是显著改善夏天炎热环境必不可少的树木。

四照花 落叶型亚乔木

分布：混生在本州以南到九州之间的寒冷山地的亚乔木。主要在山毛榉或桴栎的树林中作为中等高度的树木独自生长。
自然状态的树木高度：10 m左右　庭院中的基本树高：4 ~ 8 m。中高树 · 中等树

若希望树木长得高大，将它种在向阳处也可以，但是要注意树干的干燥情况。如果需要树木保持庭院里中高树木或者是中等高度的大小，而同时又希望保持纤细的自然树形，那么应将树木种植在落叶型高树下的半阴处。

从进入春季开始到初夏会盛开纯白色的干净的花，在色彩浓郁的绿色树叶的衬托下十分美丽。

伊吕波枫 落叶型亚乔木

分布：从福岛县以南至九州的暖温带山地、峡谷。
自然状态下的树高：10 m左右　庭院中的基本高度：4 ~ 6 m。中高树

新叶和红叶都十分美丽，是不可或缺的为杂木庭院增添色彩的树木。在都市环境中经常因日光直射导致的枝叶干燥而受到伤害，故应当在枹栎等落叶木下种植，并注意西晒。若频繁修剪枝叶，树木容易产生病虫害，对此一定要注意。

连香树 落叶型乔木

分布：分布于北海道到九州，主要在冷温带的寒冷的山地溪谷沿岸生长。和春榆一起形成峡谷森林。
自然状态的树木高度：20 ~ 30 m　庭院中的基本高度：6 ~ 12 m。高树

因为树干十分笔直，形状端正，所以在杂木林中混合种植会容易产生违和感。在杂木庭院中作为提升感觉或作为标识栽种会有比较好的效果。因为叶子呈心形，所以不论是新叶还是红叶都很美丽，是杂木庭院中极具人气的树种。但是为了在暖温带庭院中保持健康状态，要注意一定不能使树木过于干燥，也不要使树干接受直接日晒。

春季盛开的鹅耳枥雄花

鹅耳枥 落叶型高树

分布：主要分布于暖温带山地、杂木林中的常见树木。
自然状态下的树木高度：15 m左右　庭院中基本树高：5 ~ 10 m。高树

作为乔木常常与枹栎、麻栎等在杂木林混合生长。光滑的树干表皮上有许多斑点，和枹栎一样会给人带来常见的杂木林的独特感觉。沙沙的树叶的声音也十分令人愉悦。

和其他的杂木高树一样，生长速度很快，一旦在地里生根，即使在都市的环境下也不易受伤，有很长的寿命。

小叶梣 落叶型乔木

分布：主要在冷温带的山地。
自然状态下的树高：15 m左右　**庭院中的基本树高：**5 ~ 8 m。高树 · 中高树

枝叶清秀漂亮，具有轻盈感，具有白色的花和野外情趣的枝干，极受欢迎。有一定的适应能力，暖温带的庭院也可以适应，但是需要一定程度的光照。在树荫范围大的地方，树木生长趋势会有所衰弱，枝叶容易枯萎。

作为树丛中的主树，或者是和其他落叶乔木组合时作为其中的中树使用时，需要保证相对充足的光照。

枹栎的新叶

假山茶 落叶型亚乔木

分布：冷温带南部到暖温带的山地。福岛及新潟以南，四国，九州。
自然状态下的树高：15 m左右　**庭院中的基本树高：**4 ~ 7 m。高树 · 中高树

拥有干燥表皮和端正树形的人气树种。在庭院中培养时需要枝头接受半日阳光缓慢健康地生长。因为不喜欢干燥环境，在都市中接受阳光直射和夕阳照射的情况下，容易发生枝叶干枯、末端衰老的现象，也容易受到锯树郎等害虫的侵袭。

具有稳定生长的性质，可以在高树下作为中树种植，也可以在宽敞的地方生长出枝繁叶茂、姿态端正的景象。

山樱 落叶型乔木

分布：暖温带。关东以西、四国、九州的山地、低地的森林内生长。
自然状态下的树高：25 m左右　**庭院内的基本高度：**6 ~ 10 m。高树

可以被混种在杂木林中，可以很好地与枹栎等其他树木共存，能为庭院中的高树层添加变化和色彩。在和其他杂木高树混种的时候，可以将其种植在容易接触日照的边缘地带构成树木组合。

姬沙罗 落叶型乔木

分布：暖温带。伊豆 · 箱根和近畿南部、四国、九州的山地。
自然状态下的树高：15 ~ 20m　**庭院内的基本高度：** 5 ~ 8m。高树 · 中高树

枝干表皮非常美丽，是可以为树木枝干成行排列的景色增添色彩的高人气树种。为了保持树木的长久健康，枝叶的上半部分要放置在阳光下，下半部分和枝干要尽量避免阳光的直射，并且要十分注意保持良好的通风、土壤和水分条件。

野茉莉 落叶型亚乔木

分布：从冷温带下部到暖温带的山地，在次生林中生长。
自然状态下的树木高度：7 ~ 8 m　庭院内的基本树高：4 ~ 7 m。中高树

从梅雨时节起，大量盛开清淡美丽的纯白色小花，留给人们深刻的印象。树叶很细密，给庭院内的树木带来变化和层次的厚重感。相比较而言，虽然比较耐热，但是枝干在夏日受到阳光直射还是容易受伤。尽管如此，在树荫下会很难健康生长。因为枝干已经形成了树荫，所以枝叶的末端更加渴望能够生长在被阳光照射的地方。

小日本槭 落叶型亚乔木

分布：主要分布于冷温带的山地。从北海道至九州。
自然状态的树木高度：8 ~ 10 m　庭院内的基本树高：4 ~ 6 m。中高树

红叶也十分美丽，因为有像孩子的手掌一样可爱的叶子和纤细的树枝而具有很高人气。在暖温带的庭院里，可以作为在杂木高树的树荫下吸收阳光生长的中高树。尽力修剪枝叶避开反光强烈的地方，尽量不要让树干过于干燥。

玉铃花 落叶型亚乔木

分布：主要生长在冷温带的山地山谷边缘等湿润地带。
自然状态下的树木高度：6 ~ 15 m　庭院内的基本树高：5 ~ 8 m。高树 · 中高树

在暖温带也可以健康生长，但是绝对不可以使树干干燥。生长的势头很旺盛，作为杂木庭院中的高树使用时，夹杂在枹栎等暖温带次生林的落叶型乔木中种植时，要注意控制枝叶的长势。枝叶的形态和较大的叶子形状都为杂木丛林带来变化，春季垂下白色的花朵十分美丽。

赤杨叶 落叶型亚乔木

分布：从北海道到九州的寒冷山地森林中生长。主要在冷温带。
自然状态下的树木高度：8 ~ 10 m　庭院内的基本树高：4 ~ 5 m。中高树

从树干和叶子中可以感觉到凉爽的冷温带气候野外气息的树木。在暖温带的都市环境中，尽可能修剪，使树木可以保持在良好通风的树荫下生长，易于保持树木的健康。到了秋天，红色的果实也会给人寒冷高原的感觉。

金缕梅 落叶型小乔木

分布：冷温带、暖温带宽阔的山地树林中作为中树生长。
自然状态下的树木高度：2 ~ 8 m　庭院内的基本树高：2 ~ 4 m。中树

拥有耐阴性，环境适应能力很强，但是由于在向阳处枝叶会显得粗乱，所以尽量在高树下的树荫里栽种，努力避免修剪，根据枝干对植物的分量和大小进行管理。进入早春时枝叶的最前端会开黄色的花，因此作为报春的树木被人们所选用。

腺齿越橘 落叶型小乔木

分布：冷温带到暖温带的山地中可见，生长的气候带很广。
自然状态下的树木高度：2 ~ 5 m　庭院内的基本树高：2 ~ 3 m。中树

枝叶美丽而又富有山野趣味，极具魅力，是杂木庭院中一定要选择的树种之一。全红的红叶和黑色的果实都可以为庭院增添丰富的色彩。但是，从山中移植的腺齿越橘突然来到向阳的庭院中，很容易因为炎热和干燥而衰弱，而如果在充满树荫的地方又不能旺盛生长，很难栽培。

花楸 落叶型乔木

分布：主要在冷温带山地，例如作为山毛榉林中的小高树生长。
自然状态下的树木高度：8 ~ 10 m　庭院内的基本树高：4 ~ 6 m。中高树

在良好的土壤条件下，不修剪地放任生长，即使是暖温带也比较能够适应。如果压缩修剪枝叶，会使直射的阳光集中在枝干上，使树木易于衰弱。红叶和秋天的红色果实都很美丽，小叶子的感觉和柔美的枝条都使树木充满了魅力。

大柄冬青 落叶型乔木

分布：暖温带的山地、冷温带的次生林中常见。
自然状态下的树木高度：8 ~ 10 m　庭院内的基本树高：4 ~ 5 m。中高树

雌雄异株种植，分别在 5~6 月开花，雌株必须有雄株的授精才能结出果实，只种一株的话实际上无法体会种植的趣味。结着红色果实的景象在落叶后的冬季也可以看到。

直接接受阳光照射容易受伤，但是与此同时也需要同等程度的光照。在都市的庭院中，可种植在其他树木之间光照缓和的地方，注意不要去除那些被阳光照射着的枝叶。

钓樟 落叶型灌木

分布：常见于冷温带南部到暖温带的山地。
自然状态下的树木高度：3 ~ 5 m　庭院内的基本树高：1.5 ~ 2.5 m。中树

樟树科独特的香味浓郁，作为高级牙签的材料，十分珍贵。初春开放的花弥漫着清洁纯净的感觉，作为杂木庭院中的中树也有着独特的存在感。移植时容易受伤，但是之后生根发芽长出枝干，可以很好地适应环境。

三叶杜鹃 落叶型灌木

分布：常见于冷温带到暖温带的山地。
自然状态下的树木高度：2 ~ 3 m　庭院内的基本树高：1.8 ~ 2 m。中树

适当的树荫有利于健康生长，但是如果树荫过强就会导致树的长势渐渐发生衰退。不喜湿气，土壤中绝对不能滞留水分。在干燥的通风良好的半阴处种植最为适合，如果是斜坡也是可以的。早春时为杂木庭院点缀紫色的点点花朵，也为人们带来了一种独特的庭院风情。

垂丝卫矛 落叶型灌木

分布：冷温带到暖温带的山地中常见，生长气候带很广。
自然状态下的树木高度：3 ~ 5 m　庭院中的基本树高：1.8 ~ 3 m。中树

柔和的枝叶形状和焰火一样白色的花朵都是魅力所在，果实在开花后的 6 月左右渐渐变红，到了秋天从中裂开看到黑色的种子也给人们带来乐趣。

在杂木庭院中，在高树和中高树下作为中树种植，避开日照强烈的地方，通风阴凉的地方最为合适。

西南卫矛 落叶型灌木

分布：常见于冷温带到暖温带的山地，生长气候带广。
自然状态下的树木高度：2 ~ 4 m　庭院内的基本树高：1.5 ~ 2.5 m。中树

和垂丝卫矛同样属于卫矛科，但是与垂丝卫矛相比更耐热，而且更耐阴凉。是在都市的庭院中易于种植的中树。枝叶比较硬，花朵很小并不引人注目，但是较强的适应能力和粉红色的果实都是魅力所在。

青冈 常绿型乔木

分布：暖温带十分常见。关西以西数量较多。
自然状态下的树木高度：20 m左右　**庭院内的基本树高：**3 ~ 6 m。高树 · 中高树

叶子的感觉和枹栎等落叶杂木十分相配。对于炎热有很强的适应能力，在都市的庭院中也很易于种植。在半阴的环境里也可以稳定生长，易于保持健康状态。将落叶杂木作为高树，可将青冈作为之下的中高树使用。

具柄冬青 常绿型中低树 · 低树

分布：关东、新潟以西，特别是常见于赤松林等次生林中。
自然状态下的树木高度：2 ~ 5 m　**庭院内的基本树高：**2 ~ 3 m。中树

可以对抗干燥环境，生长缓慢，对抗病虫害的能力也很强。虽然很顽强，但是因为日照而导致枝干干燥渐渐衰退的例子也经常发生。直到最近才成为在庭院中被广泛使用的树木。但是，根部不能直接种植，单独种植容易被大风吹倒，无论如何一定要在杂木群体中作为中树进行组合培育。在杂木的树荫下枝叶稀疏，是非常容易和杂木庭院融合的中树。

落霜红 落叶型灌木

分布：主要在暖温带，也可以适应冷温带南部的山地。
自然状态下的树木高度：2 ~ 3 m　**庭院内的基本树高：**1.8 ~ 2 m。中树

耐阴凉，生长缓慢，雌株的红色果实可为杂木庭院添加一道亮丽的风景。因为在温暖的日光下枝叶显得太过暴露，所以栽种在半阴到背阴处便于维持它的美丽姿态。虽然比较耐热，但是如果突然接受太过强烈的反射光线会因为过于干燥而出现落叶现象。

蜡瓣花 落叶型乔木

分布：适应温暖的地域。在高知县的一部分地区自行生长。
自然状态下的树木高度：2 ~ 4 m　**庭院内的基本树高：**1.5 ~ 2.5 m。中低树

不怕炎热，对于都市的庭院也可以很顽强地适应。为了每年长出新的枝条，应从根部开始对多余枝叶进行去除，使枝叶具有十分柔美的姿态，便于管理和培育。初春时盛开黄色的花朵，具有独特的明媚色彩。

厚叶石斑木 常绿型灌木

分布：暖温带南部海岸沿岸等地。
自然状态下的树木高度：1 ~ 4 m　**庭院内的基本树高：**0.5 ~ 1.5 m。矮树 · 中矮树

对于盐害、炎热、干燥的抵抗力强，甚至火灾也可以克服。对于都市的一些小小的恶劣气候都有很强的适应能力。是对于杂木庭院十分有用的树种。白色的花盛开时非常清秀美丽。因为种植在向阳处会显得枝叶过于暴露凌乱，因此应作为中低树和矮树形成树荫种植在庭院里。

柃木 常绿型小乔木 · 灌木

分布：暖温带全部区域。生长范围非常广阔。
自然状态下的树木高度：1 ~ 6 m　**庭院内的基本树高：**1 ~ 1.5 m。矮树 · 中矮树

非常顽强结实，在全阴处也可以萌芽，可根据根部的生长状态来管理，十分容易。在杂木庭院的土壤中非常易于种植。和常绿树一样，并不是很受重视的树种，但是这种并不起眼的角色发挥着自己的作用，丰富了庭院的生态体系，使庭院更加具有深度。

石南花 常绿型灌木

分布：日本石南花生长在比较寒冷的山地。
自然状态下的树木高度：1 ~ 3 m　**庭院内的基本树高：**0.8 ~ 1.5 m。矮树 · 中矮树

在一般的庭院中，相比叶子纤细的日本原产石南花，使用西洋石南花品种的更多。石南花多是比较适应日阴的品种，但就耐阴性而言日本石南花更胜一筹。盛开的花朵较大，叶子的感觉也十分适合杂木庭院。

马醉木 常绿型灌木

分布：暖温带的山中。
自然状态下的树木高度：1 ~ 3 m　**庭院内的基本树高：**0.8 ~ 1.5 m。矮树 · 中矮树

在光线不好的地方作为杂木庭院中的矮树非常有味道，是不可缺少的树种。带有细微光泽的叶子可以为杂木庭院的边角处增添一份田间情趣。在向阳处容易受伤，庭院建成后经过数年，随着树荫逐渐充实起来，马醉木的长势通常也会逐渐变得很好。

取材协力（为便于读者沟通，公司信息保留日文内容）

大岛 裕　おおしま・ひろし

1982 年，在川崎市设立大宏园。从最初就致力于用山中的杂木和石头来建造庭院。作为庭院设计师，连施工都亲力亲为。

有限会社大宏園
〒214-0031　☎044-975-1939
神奈川県川崎市多摩区東生田3－6－13

佐野文一郎　さの・ぶんいちろう

1980 年生于千叶县。师从高田宏臣，于 2007 年成立文造园事务所。使用杂木构筑一个又一个环境适宜、令人心情愉悦的庭院。

文造園事務所
〒265-0043　☎043-309-7574
千葉県千葉市若葉区中田町 1193-17

高田宏臣　たかだ・ひろおみ

1969 年生于千叶县，毕业于东京农工大学农学部林学科。活跃于国内外，做了许多富有自然风情的居住环境及街道的提案，并通过造园设计和施工、演讲活动等倡导使用杂木。

株式会社高田造園設計事務所
〒265-0051　☎043-228-5773
千葉県千葉市若葉区中野町 2171-2

平井孝幸　ひらい・たかゆき

1951 年生，东京农业大学造园学科毕业后，在多摩植木株式会社修行。之后，继续从事自然风情与现代建筑相结合的庭院设计建造。

有限会社石正園
〒202-0023　☎0422(52)1058
東京都西東京市新町 3-7-2

藤仓阳一　ふじくら・よういち

1971 年生于东京都，师从京都木户雅光造庭事务所的木户雅光。致力于摸索、建造可以成为留给未来的遗产的美丽居住环境以及和现代居住风格相协调的自然风情类庭院。

藤倉造園設計事務所
〒183-0001　☎042-363-2452
東京都府中市浅間町 3-10-2

由比诚一郎　ゆい・せいいちろう

1973 年出生，园艺专门学校毕业后，师从石正园有限会社的平井孝幸。其后，继承过世父亲的职位，回到家中诚和造园继续从事造园事业。

株式会社誠和造園
〒164-0012　☎03-6676-2381
東京都中野区本町 2-33-6

著作权合同登记号：豫著许可备字 -2016-A-0020
心と体を癒やす雑木の庭

图书在版编目（CIP）数据

日式杂木庭院 / 日本主妇之友社编；陈源译. — 中原农民出版社，2018.5（2020.6 重印）
ISBN 978-7-5542-1925-6

Ⅰ. ①日… Ⅱ. ①日… ②陈… Ⅲ. 庭院—园林设计—日本—图集 Ⅳ. ① TU986.2-64
中国版本图书馆 CIP 数据核字（2018）第 124225 号

构成・编辑：高桥贞美
摄影：铃木善实　竹内和惠
照片：アルスフォト企画、铃木善实、高田宏臣
插图：カワキタフミコ、竹内和惠
设计：monostore（日高庆太、志野原遥）
封面设计：日高庆太（monostore）

出版：中原出版传媒集团　中原农民出版社
地址：郑州市郑东新区祥盛街 27 号 7 层　**邮编**：450016
电话：0371-65788013
印刷：河南新华印刷集团有限公司
成品尺寸：210mm × 257mm
印张：8　　**字数**：200 千字
版次：2018 年 10 月第 1 版
印次：2020 年 6 月第 2 次印刷
定价：68.00 元